新技术研究与应用系列

新能源概述

——风能与太阳能

主　编　王晓暄

副主编　李春兰　时　谦

西安电子科技大学出版社

内 容 简 介

本书共分为三部分——新能源与新能源政策、太阳能及其利用和风能及其利用。

第一部分对新能源的定义、新能源的类型、发展新能源技术的意义以及各国为推广新能源所采取的鼓励政策进行了介绍。

第二部分主要对太阳能的特点、资源的分布、太阳能光热转换技术、太阳能光电转换技术进行了介绍，并对近几年快速发展的聚光太阳能热发电技术和太阳能聚光光伏发电技术的工作原理、系统组成、技术特点和应用场合进行了介绍。

第三部分主要对风的形成与类型、风的基本特征、风能资源及其分布、风能利用历史、风能利用方法、风力发电技术发展现状与趋势进行了介绍，并针对现在风能利用的两大应用技术——小型水平轴风力发电技术和大型水平轴并网风力发电技术，以及新兴的垂直轴风力发电技术进行了较为详细的介绍。

本书可作为本科层次新能源科学与工程专业的教材，也可作为电气工程、机械设计等专业的拓展类课程教材，同时还可作为新能源行业从业人员的入门书籍。

图书在版编目(CIP)数据

新能源概述：风能与太阳能/王晓暄编著. —西安：西安电子科技大学出版社，2015.7
新技术研究与应用系列
ISBN 978 - 7 - 5606 - 3674 - 0

Ⅰ. ① 新… Ⅱ. ① 王… Ⅲ. ① 风力能源—研究 ② 太阳能—研究 Ⅳ. ① TK81 ② TK511

中国版本图书馆 CIP 数据核字 (2015) 第 139953 号

策划编辑　胡华霖
责任编辑　阎　彬　董柏娴
出版发行　西安电子科技大学出版社(西安市太白南路2号)
电　　话　(029)88242885　88201467　邮　　编　710071
网　　址　www.xduph.com　　电子邮箱　xdupfxb001@163.com
经　　销　新华书店
印刷单位　陕西天意印务有限责任公司
版　　次　2015 年 7 月第 1 版　2015 年 7 月第 1 次印刷
开　　本　787 毫米×1092 毫米　1/16　印张　10
字　　数　231 千字
印　　数　1～3000 册
定　　价　18.00 元

ISBN 978 - 7 - 5606 - 3674 · 0/TK

XDUP　3966001 - 1

* * * 如有印装问题可调换 * * *
本社图书封面为激光防伪覆膜，谨防盗版。

前　言

能源是社会发展的重要物质基础，但随着化石能源储量的急剧减少和人们对环境污染的重视，化石能源的使用将受到更大的限制；另一方面，随着社会的发展，人类对能源的需求必将不断增加。解决这一对矛盾的唯一方法就是发展可再生的新型能源。

可再生新能源主要指风能、太阳能、生物质能、海洋能、地热、小水电等使用现代科技进行开发利用的、对环境无不良影响或影响较小的能源。由于新能源的种类较多，并且所采用的开发利用技术繁杂，受环境与自然条件限制较多，因此在使用过程中孰优孰劣还需要在实践中不断进行研究和验证。

世界各国对新能源开发利用都很重视，而发达国家和部分发展中国家都制定了各自的中长期新能源发展战略，并制定了相关的促进与鼓励政策，积极推动新型能源的发展。根据世界范围内新能源技术的发展状况，并结合我国国情，即淡水资源匮乏、人均耕地面积少等情况，太阳能与风能是比较适合我国进行广泛开发利用的新型能源类型。

本书共分为三部分——新能源与新能源政策、太阳能及其利用和风能及其利用，重点是太阳能、风能及其利用。人们对太阳能与风能在资源储量及其分布、利用历史等方面的认识已经比较统一，仅是在风资源储量上有了新的评价方法和测量与估算数据。由于在太阳能、风能的利用技术方面存在不同观点，为正确、公正地对各项技术进行介绍，本书作者在编撰过程中对太阳能、风能利用的各项技术都分别从类型、工作原理、系统组成、技术特点和发展前景 5 个方面进行阐述。在编写过程中，对部分新能源利用技术与传统能源技术之间的过渡与衔接进行了介绍。

本书可作为本科层次新能源科学与工程专业的教材，也可作为电气工程、机械设计等专业的拓展类课程教材；同时由于本书主要针对太阳能利用技术和风能利用技术进行综述性介绍，因此还可作为新能源行业从业人员的入门书籍。

本书由新疆农业大学王晓暄任主编，李春兰、时谦任副主编。在编写过程中得到了新疆农业大学刘小勇教授的大力支持，在此表示诚挚的感谢！

由于编者水平有限，书中难免会有不足之处，敬请读者批评指正。

编　者

2015 年 2 月

目　　录

第1章 绪 论

能源是指能提供能量的自然资源，它可以直接或间接提供人们所需要的电能、热能、机械能、光能、声能等。能源资源是指已探明或估计的自然赋存的富集能源。已探明或估计可经济开采的能源资源称为能源储量。各种可利用的能源资源包括煤炭、石油、天然气、水能、风能、核能、太阳能、海洋能、生物质能等。

1.1 能源的类型

1. 按能源的生成方式分类

按照能源的生成方式，一般可将其分为一次能源和二次能源。一次能源是直接利用的自然界的能源；二次能源是将自然界提供的直接能源加工以后所得到的能源。一次能源中又分为可再生能源和非再生能源。可再生能源是指不需要经过人工方法再生就能够重复取得的能源。非再生能源有两重含义：一是指消耗后短期内不能再生的能源，如煤、石油和天然气等；二是指除非用人工方法再生，否则消耗后就不能再生的能源，如原子能。

2. 一次能源按来源分类

一次能源按其来源主要可分为四类：来自地球以外与太阳能有关的能源；与地球内部的热能有关的能源；与核反应有关的能源；与地球—月球—太阳相互吸引（万有引力）有关的能源。能源分类如表1.1所示。

表 1.1 能 源 分 类 表

能源类型		一	二	三	四
一次能源	可再生能源	太阳能、风能、水能、生物质能、海洋能	地热	—	潮汐能
	非再生能源	煤炭、石油、天然气、油页岩	—	核能	—
二次能源		焦炭、煤气、电力、蒸汽、沼气、酒精、汽油、柴油、重油、液化气、其他	—	—	—

由表1.1可见，在一次能源的可再生能源中，第一类是太阳能及由太阳能间接形成的可再生能源，风能、水能、生物质能和海洋能是太阳能的间接形式；第二类是地热能，地热能是地球内部的热能释放到地表的能量，如地下热水、地下蒸汽、干热岩体、岩浆以及地震能等；第四类是潮汐能，潮汐能是由于地球—月球—太阳的引力相互作用，引起海水做周期性涨落运动所形成的能量。所以，在一次能源的可再生能源中，太阳能是最主要的能源。

煤、石油、天然气和油页岩等是在短期内无法产生的非再生能源，但由于这些能源是由很久以前的生物质能形成的，因此也属于第一类能源。属于第三类的非再生能源是核能。已探明的铀储量约为 4.9×10^6 t，钍储量约为 2.75×10^6 t。聚变核燃料有氘和锂-6，氘主要存在于海水中，其储量约为 $4×10^{13}$ t，锂的储量约为 $2×10^{11}$ t。这些核聚变材料所能释放的能量比全世界现有总能量还要大千万倍，因此核聚变的能量可以看作是取之不尽的能量。

3. 按能源的利用进程分类

能源按其利用进程又可分为常规能源和新能源。已经被人类长期广泛利用的能源称为常规能源，如煤炭、石油、天然气、水力、电力等。常规能源与新能源是相对而言的，现在的常规能源过去也曾是新能源，今天的新能源将来又会成为常规能源。

4. 按能源利用时对环境污染的大小分类

从使用能源时对环境污染的大小，可把无污染或污染小的能源称为清洁能源，如太阳能、水能、氢能等；对环境污染较大的能源称为非清洁能源，如煤炭、石油等。

1.2　世界能源结构变迁

在过去的一个多世纪里，人类的能源开发利用方式经历了两次比较大的变迁，即从烧薪柴的时代到使用煤炭的时代和从使用煤炭的时代到目前大范围使用石油和天然气的时代。在两次能源消费利用方式变迁的发展过程中，能源消费结构在不断发生变化（见图 1.1），能源消费总量也呈现大幅度跨越式的增长态势。

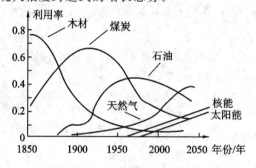

图 1.1　世界能源消费结构与趋势

在两次能源消费方式的变迁过程中都伴随着社会生产力的巨大飞跃，煤炭和石油的广泛使用也极大地推动了人类经济社会的发展和进步。同时，随着人类使用能源特别是化石能源的数量越来越多，能源对人类经济社会发展的制约和对自然环境的影响也越来越明显。

在过去的一个世纪里，人类经济、科技和生活水平也发生了翻天覆地的变化，这种社会变化伴随着能源消费规模的猛增，而随之产生的却是自然资源和能源的短缺、环境和气候的严重恶化。目前，能源短缺、环境恶化已成为人类社会发展需要面临的共同挑战，世界各国都在努力寻求解决这一问题的办法和途径。

然而究根溯源，解决能源短缺、环境恶化的根本途径还是在于转变能源消费方式，实现能源消费利用方式的第三次大变迁，即从目前大规模使用煤炭、石油、天然气等化石能源变迁到开发利用清洁、环保而且可循环持续使用的新能源和可再生能源的生产消费模式。

1.3　能源与经济发展

能源是人类社会存在和发展的物质基础。在过去的 200 多年里，建立在煤炭、石油、天然气等化石燃料基础上的能源体系极大地推动了人类社会的发展。以煤炭为主要燃料的蒸汽机的诞生，大幅度提高了生产率，引发了第一次工业革命，使采用蒸汽机国家的经济得到了快速发展。随着石油与天然气的开发和利用，电力、石油化工、汽车等许多行业的产量和生产效率得到了大幅度的提高，促进了世界范围内的经济快速发展，大幅度提高了人们的物质生活和精神生活水平。

人类在大量使用化石燃料发展经济的同时，也带来了严重的环境污染和对生态系统的破坏，主要表现为大气污染、水污染、土地荒漠化、绿色屏障锐减、臭氧层被破坏、温室效应、酸雨侵害、物种濒危、垃圾积留、人口激增等十大环境问题，国际上概括为"3P"和"3E"问题：Population(人口)、Poverty(贫穷)、Pollution(污染)、Energy(能源)、Ecology(生态)、Environment(环境)。经济规模的扩大和经济的快速发展，加快了一次能源的消耗量，使非再生的化石能源面临资源枯竭的严峻局面。

1. 能源对经济的促进作用

随着世界各国的经济发展和人口增加，人类对能源的需求越来越大。在正常情况下，能源消费量越大，国民生产总值也越高，能源短缺会严重影响国民经济的发展。例如，在1974 年的世界能源危机中，美国能源短缺 1.16×10^8 t 标准煤，国民生产总值减少了 930 亿美元；日本能源短缺 6×10^7 t 标准煤，国民生产总值减少了 485 亿美元。

一般情况下，能源消耗随着经济的增长而增长，经济增长的同时保证能源需求量下降仅属个别特例。能源增长与经济增长存在一定的比例关系，理想的新能源经济是在保证经济高速增长的同时，能保持较低的能源消耗。能源是经济增长的推动力量，并限制经济增长的规模和速度。能源在经济增长中的作用主要表现为：

(1) 能源推动生产的发展和经济规模的扩大。

(2) 能源推动技术进步，特别是在工业交通领域，几乎每一次的重大技术进步都是在能源进步的推动下实现的，如蒸汽机的普遍利用是在煤炭大量供给的条件下实现的，电动机更是直接依赖电力的利用，交通运输的进步与煤炭、石油、电力的利用直接相关。农业现代化的实现，包括机械化、水利化、电气化等同样依赖于能源的推动。能源的开发利用所产生的技术进步需求，也对整个社会技术进步起到了促进作用。

(3) 能源是提高人们生活水平的主要物质基础之一。生活同样离不开能源，而且生活水平越高，对能源的依赖性就越大。民用能源包括炊事、取暖、卫生等家庭用能，也包括交通、商业、饮食服务等公共事业用能。所以，民用能源的数量和质量是制约人们生活水平的重要因素之一。

2. 能源消费弹性系数

能源与经济增长之间的关系通常用能源消费弹性系数表示。能源消费弹性系数表示能源消费量增长率与经济增长率之间的比例关系，其数学表达式为

$$e = \frac{\left(\dfrac{\delta E}{E}\right)}{\left(\dfrac{\delta G}{G}\right)} = \left(\frac{\delta E}{\delta G}\right) \times \left(\frac{G}{E}\right) \tag{1.1}$$

式中：e 为能源消费弹性系数；E 为前期能源消耗量；δE 为本期能源消耗增量；G 为前期经济产量；δG 为本期经济产量的增量。

根据公式(1.1)可以计算不同时期能源消费弹性系数的变化情况。目前,普遍采用的计算方法是平均增长速度方法,具体方法如下:

设 a 和 b 为考察期能源消费平均增长率和经济产量平均增长率,则有

$$a = \left(\frac{E_t}{E_0}\right)\exp\left(\frac{1}{t-t_0}\right) - 1 \tag{1.2}$$

$$b = \left(\frac{G_t}{G_0}\right)\exp\left(\frac{1}{t-t_0}\right) - 1 \tag{1.3}$$

式(1.1)可以转化为

$$e = \frac{a}{b} = \frac{\left(\dfrac{E_t}{E_0}\right)\exp\left(\dfrac{1}{t-t_0}\right) - 1}{\left(\dfrac{G_t}{G_0}\right)\exp\left(\dfrac{1}{t-t_0}\right) - 1} \tag{1.4}$$

式中:t 为终期年;t_0 为基期年;E_t 为终期年能源消费量;E_0 为基期年能源消费量;G_t 为终期年经济产量;G_0 为基期年经济产量。

式(1.4)是按平均增长速度法计算能源弹性系数的基本表达式。

作为宏观分析方法,能源消费弹性系数可以根据需要选择适当指标,只要分子与分母为统一范围或对称即可。选择的指标不同,表达的含义也就不同。常用的指标有总量或全局性指标、部门或地区指标、人均指标。现分别说明如下。

1) 总量或全局性指标

该指标是考察能源消费弹性系数最主要的指标,可以完整地表示能源消费增长与经济增长的关系。根据分子的选择不同,又可以分为一次能源消费弹性系数和电力消费弹性系数两种。

一次能源消费弹性系数一般简称为能源消费弹性系数,反映了一次能源增长与经济增长的关系,一次能源的范围仅限于商品能源。目前,发达国家非商品能源在一次能源中所占的比例很小,可以忽略不计,可以用能源总量来表示;在发展中国家,非商品能源所占的比例比较大,故有人不赞成用商品能源作为反映发展中国家能源消费弹性系数的指标。与能源消费总量相对应,分母应该选取反映经济增长的综合指标。

2) 部门或地区指标

能源消费弹性系数也适合于分析某一部门或行业或某一地区能源消费与经济增长的关系,这样,只要把系数的分子或分母相应调整为该部门或该地区能源消费增长指标即可。

3) 人均指标

用人均能源消费弹性系数指标来表示一个国家或地区能源消费与经济增长的关系,其优点是考虑了人口增长的因素,便于进行不同国家之间的比较。人均能源消费弹性系数 e_c,表示人均能源消费量与人均产值的关系,其数学表达式为

$$e_c = \frac{\left(\dfrac{\delta F}{F}\right)}{\left(\dfrac{\delta N}{N}\right)} \tag{1.5}$$

式中:F 为前期人均能源消费量;δF 为本期人均能源消费增量;N 为前期人均产值;δN 为本期人均产值增量。具体计算方法与式(1.4)相同。

预计 2020 年我国的能源需求总量将在 23.2~31.0 亿吨标准煤之间,能源消费弹性系

数在 0.35~0.55 之间，能源需求年平均增长 2.4%~3.8%。能否继续以较低的能源消费增长实现经济的长期高速增长，是开创中国特色可持续发展道路的一个重要标志。中国已经连续 20 年将平均能源消费弹性系数保持在 0.5 左右，这在经济高速发展的大国中是绝无仅有的。

3. 循环经济三原则

人们在发展经济的同时，日益注重能源与经济的关系，循环经济正在全球兴起与发展。循环经济的本质是以生态学规律为指导，通过生态经济综合规划，设计社会经济活动，使不同企业之间形成共享资源和互换副产品的产业共生组合，使上游生产过程中产生的废弃物成为下游生产过程的原料，实现废物综合利用，达到产业之间资源的最优化配置，使区域的物质和能源在经济循环中得到循环利用，从而实现产品清洁生产和资源可持续利用的环境和谐经济模式。循环经济是把能源作为资源中的一种来对待的，节约资源和提高资源的利用率，也包括了节约能源和提高能源的利用率。循环经济是系统性的产业变革，是从产品利润最大化的市场需求主宰向遵循生态可持续发展能力有序建设的根本转变。循环经济内涵的三个基本评价原则，简称"3R"原则如下。

1）减量化（Reduce）原则

针对产业链的输入端——资源，通过产品清洁生产而不是采用末端治理，最大限度地减少对不可再生资源的开采和利用，以替代性的再生资源为经济活动的投入主体，尽可能减少进入生产、消费过程的物质流和能源流，对废弃物的产生、排放实行总量控制。生产者通过减少原料的投入和优化生产工艺来节约资源和减少排放，消费者则通过选购包装简易、循环耐用的产品，来减少废弃物的产生，从而提高资源的循环利用率。

2）资源化（Reuse）原则

针对产业链的中间环节，消费者最大限度地增加产品的使用方式和次数，有效延长产品和服务的时间；对生产者则采取产业行业间的密切分工和高效协作，实现资源产品的使用效率最大化。

3）无害化（Recycle）原则

针对产业链的输出端——废弃物，提升绿色工业的技术水平，通过对废弃物的多次回收利用，实现废弃物多级资源化和资源的闭环良性循环，使废弃物的排放达到最小。

循环经济以生态经济系统的优化运行为目标，针对产业链的全过程，通过对产业结构的重组与转型，促成生态经济系统的整体合理化，力求使生态经济系统在环境与经济综合效益优化的前提下实现可持续发展。

近年来，我国遵循循环经济的上述三个原则，开展了循环经济的示范活动，取得了显著的经济效益和环境效益。2002 年我国颁布了《清洁生产促进法》，2005 年，我国又在数十个城市推广用绿色 GDP 来计算国民经济发展的试点工作，加大了循环经济在我国的推广力度，使我国的经济向着资源节约、生态和谐的方向健康发展。

第 2 章　新能源与新能源政策

2.1　环境保护与能源战略

2.1.1　能源与环境保护

随着现代科学技术的进步和工业化进程的快速发展，人类对能源的需求量急剧增加，同时加大了人类改变和影响环境的能力。能源在利用过程中，会伴随气体、液体和固体废弃物的排放，造成严重的环境污染，导致环境的恶化。表 2.1 给出了全球生态环境恶化的具体表现。

表 2.1　全球生态环境恶化的具体表现

种　　类	恶化表现	种　　类	恶化表现
土地沙漠化	10 hm^2/min	二氧化碳排放	$1.5×10^7$ t/d
森林减少	21 hm^2/min	垃圾生产	$2.7×10^7$ t/d
草地减少	25 hm^2/min	环境污染造成的人员死亡	10 万人/d
耕地减少	40 hm^2/min	污水排放	$6×10^{12}$ t/天
物种灭绝	2 个/h	各种自然灾害造成的损失	1200 亿美元/天
土壤流失	$3×10^6$ t/h		

目前，在能源的需求结构中，石油所占的比例约为 40%，煤约占 20%，天然气约占 10%。由于人口的增长和经济的发展，人类对能源的需求量还在不断增加，但是任何一种能源的开发和利用都会对环境造成一定的影响。例如，水能的开发和利用可能会造成地面沉降、地震、生态系统变化等；地热能的开发和利用可能导致地下水污染和地面下沉。

在不可再生能源和可再生能源中，不可再生能源对环境的影响比可再生能源严重。煤、石油、天然气等不可再生能源的大量利用，加剧了环境的恶化。一座 1000 MW 的燃煤、燃油、燃气发电厂的排放如表 2.2 所示。

表 2.2　1000 MW 发电厂使用不同燃料时的排放

污 染 物	不同燃料年排放量（$×10^6$ kg）		
	燃气	燃油	燃煤
颗粒物	0.46	0.73	4.49
SOx	0.012	52.66	39.00
NOx	12.08	21.70	20.88
CO	忽略不计	0.008	0.21
碳氢化合物	忽略不计	0.67	0.52

由表 2.2 可以看出燃烧煤炭时，颗粒物的排放最大，分别是燃油和燃气的 6.15 倍和 9.76 倍。

能源利用过程中的污染排放量，可根据一些经验公式和长期统计数据的分析结果建立如下简单的关系式：

$$Q_i = MC_i \tag{2.1}$$

式中：Q_i 为 i 种污染物的排放量，t；M 为消费的能源总量，t；C_i 为 i 种污染物的排放系数，即单位能源消费量排放 i 种污染物的数量，t/t。

我国是世界上以煤炭为主要一次能源的少数国家之一，也是世界上少数几个污染物排放量大的国家之一，燃烧过程产生的大气污染物占大气污染物总量的 70% 左右，其中燃煤排放量占全部燃烧排放量的 96% 左右。我国大气环境的污染物主要为粉尘和二氧化硫的煤烟型污染，其规律是北方重于南方，产煤区重于非产煤区，冬天重于夏天。全国 50 多个城市的大气分析结果表明，颗粒物全年日平均浓度北方城市为 0.93 mg/m³，多数城市超过国家三级标准（0.50 mg/m³）；南方城市为 0.41 mg/m³，一般接近和超过二级标准（0.30 mg/m³）。与发达国家相比，污染十分严重，这种情况与我国一次能源以煤炭为主的消费结构直接相关。

与传统的化石燃料相比，新能源与可再生能源对环境的污染要小得多，是对环境友好型的能源。因此，世界各国都加大了新能源与再生能源的研发力度和相应的能源鼓励政策。在不远的将来，随着新能源与可再生能源在各国能源中的比例不断增加，能源的利用将减轻对环境造成的污染。

2.1.2　能源安全

在全世界以石油为主要一次能源的情况下，石油作为重要的战略物资，与国家的繁荣和安全紧密地联系在一起。由于世界上的石油资源分布存在着严重的不均衡，而且石油是不可再生的资源，数量有限，获得和控制足够的石油资源成为国家能源安全战略的重要目标之一，因此石油作为一次能源成为许多战争的焦点。100 多年来，多次武装冲突和战争都与石油问题有关。

另一方面，随着全球经济的不断发展，世界能源需求不断增加，而备用能源日益匮乏，解决能源的需求问题显得越来越紧迫，能源安全问题也越来越受到世界各国的重视。

能源战略和政策的目标主要是利用市场机制来实现能源的可持续供给，使市场发挥更好的调节作用，在能源政策的鼓励下，强化新能源开发与利用技术的创新，加强发达国家与发展中国家在能源领域的合作，实施可持续能源计划，使全球在保证经济发展和能源供给的同时，保护环境和生态系统，创造一个和谐的发展模式，实现经济和能源的可持续发展。

2.1.3　发达国家能源战略

1. 美国能源战略

美国是世界上第二大石油消费国和原油进口国，石油需求量的一半以上依靠进口。美国政府为保证国内石油供应，已经制定了新的能源战略。目标是保证石油供应安全，防止全球油气供应出现混乱和石油价格的大幅度波动。根据世界地域政治的变化，营造有利的石油战略环境，加强国家石油战略储备，实现石油来源的多元化，采用先进技术提高石油采收率和石油利用率。出于对全球石油市场和自身能源安全的担忧，美国政府2001年以来积极主张增加国内能源产量，提高节能效益和燃料热效率，采用新能源和可再生能源，以避免能源结构的单一性，增强能源的安全性。为此，美国政府还要求研究部门集中精力开发高能效的建筑、设备、运输和工业系统，并在可能的情况下用新能源和可再生能源置换传统的能源，以此作为能源保障战略的一个重要方面。

2. 欧盟能源战略

欧盟正在消耗越来越多的能源，欧盟各国对能源的进口依赖程度很高，其能源需求的50%必须依靠进口。在未来的30年中，欧盟能源需求的70%需要进口，而石油的进口可能高达90%。为了居民幸福和经济的正常运行，欧盟的长期能源供应安全战略必须保证从市场上不断地获得石油产品，保证能源系统的战略安全性，在重视环境保护的前提下，保证经济的可持续发展。

欧盟通过一些纲领和大型框架性协议协调欧盟成员国的能源政策，在2003~2006年推广了"合理用能的欧洲"项目，试图把合理利用能源和知识经济相结合，使欧洲经济在全球最具有竞争力。欧盟成员国在节能方面的潜力很大，平均能耗水平在今后的20年内每年降低2.5%，并节约价值6900亿美元的化石燃料。2003年欧盟成员国中可再生能源电力生产法生效。欧盟认为单靠市场不可能给节能和可再生能源提供激励作用，必须从政策上给予保障。欧盟在能源政策上的做法是由欧盟提出法规性要求，成员国把欧盟法规具体化成自己国家的法规，违规的国家要受到经济惩罚。欧盟在能源问题上的一个重要观点就是把经济增长与能源增长分离，提倡在不增加能源消耗的前提下保持经济的持续增长。

欧盟十分重视能源的安全性战略，认为能源供应安全并非是要寻求能源自足最大化或依赖性最小化，而是旨在减少与这种依赖性相关的风险。欧盟追求的目标就是保持各种供应来源的平衡和多样化，其中包括能源的种类和能源所处的地理区域的多元化，以确保欧盟在未来的经济发展中有稳定和安全的能源供应。

3. 日本能源战略

对于一次能源几乎全部依赖进口的日本，能源的采购和运输是极为重要的。为了保证本国的能源供应安全，日本政府一方面制定了新的石油政策，另一方面制定了新能源发展规划。2006年5月29日，日本政府颁布了《日本新国家能源战略》。《日本新国家能源战略》由两大部分组成，即对现状的认识及今后的战略和战略措施。新战略在分析总结世界能源供需状况的基础上，从建立世界上最先进的能源供求结构、综合强化资源外交及能源、环境国际合作、充实能源紧急应对措施等方面，提出了今后25年日本能源战略三大目标、八大战略措施计划及相关配套政策。

虽然日本在可再生能源利用方面已经取得了一定的成绩，如太阳能发电量已居世界第一。但是，从整体上看，由于提高能源转变效率及设备利用率都很困难，并且存在与其他竞争能源相比成本较高等很多问题。

日本政府提出的战略目标是支持新能源产业自立发展，支持以新一代蓄电池为重点的能源技术开发，促进未来能源园区的形成。2030年之前使太阳能发电成本与火力发电相当；推广生物质能、风力发电的自产自销，提高地区的能源自给率；推广以混合动力车为主，促进电动汽车、燃料电池汽车使用的新车型。主要政策措施是：

（1）利用与发展阶段相适应的扶持措施，扩大太阳能、风能和生物质能发电等进入普及期的新能源市场份额；

（2）支持尚在研究、普及阶段新能源技术的中长期发展，培育未来需求和供给的增长点；

（3）推进海洋能、太阳能利用的基础研究；

（4）促进太阳能发电、燃料电池及蓄电池关联产业群的形成，对风力发电、生物质能等地域局限性高的新能源，支持当地以自产自销为主的地区经济，开拓与地域特点密切结合的新能源经济；

（5）以超高效燃烧和能源储存为突破口，真正摆脱对化石燃料的依赖，对支撑未来能源经济的核心技术实施战略性开发。

2.1.4　我国的能源战略

1. 我国能源现状及面临的困难

我国作为全球能源消费第一大国，能源缺口巨大，居全球首位，重要能源石油的对外依存度非常高，能源安全面临较大挑战。

1）我国能源缺口大，对外依存度高

近年来我国能源的对外依存度正在不断攀升，石油对外依存度正以每年3％的速度上升。自从1993年首度成为石油净进口国以来，我国的原油对外依存度由当年的6％一路攀升，2011年达到55％，据测算，到2020年，我国的能源依存度有可能达到70％。由于进口规模增大，原油价格已与国际接轨，国内石油产业受外部因素的影响很大，风险不言而喻。

2）技术创新面临较大困难

由于人口和经济的继续增长，使得能源难以满足国内需求，同时不同于石油危机时代的情况是，全球已经进入"低碳时代"。在实现经济发展过程中，过于依靠石油煤炭等高碳能源，也成为我国能源安全一大软肋。由于我国对各类新能源技术研究起步较晚，基础研究较薄弱，同时新能源开发利用技术较发达国家大多对我国都有技术保护，因此要快速赶超国外先进国家有很多难题需要解决。

3）提高投资"质量"，增大对内供应

我国的几大石油公司都在努力"走出去"，近年来，通过数百亿美元的投资已经获得了每年6千万吨的份额油，可谓成绩斐然，但在这6千万吨油中的绝大多数份额由于多方面的限制，只能在当地或国际市场上进行销售，只有10％能够运往我国。所以，我国石油公司"走出去"的主要成果，是增加了全球对石油天然气的投资，增加了全球能源的供给，间接地有利于我国的石油需求保障。我国进口石油的增长，绝大部分是贸易的结果，而不是投资的结果，这就需要提高投资"质量"，增加自主销售或自主使用的份额，直接增加对国内的直接供应量。

4）我国能源安全面临新挑战

在进口来源上，我国的海外油源主要集中在中东和非洲，进口份额分别为51％和24％，这两地的石油进口占我国石油进口量的3/4，我国面临的一个重要问题就是油气通道安全问题。我国已成为世界第二大经济体，在能源安全方面不能依靠别人，而要依靠自己,这就需要根据能源安全的需要,选择正确的外交和军事战略。

2. 我国能源需求对策与战略设计

据国际能源署(EIA)预测,到 21 世纪下半叶,在全球范围内新能源和可再生能源将逐渐取代传统常规化石能源而占据主导地位。我国新能源和可再生能源产业领域的技术创新能力,将成为国家综合竞争能力的重要方面,也将是国家经济、社会发展和国家安全的重要保障。随着新兴能源开发利用的技术成熟和产业化程度逐步提高,新能源和可再生能源在我国未来经济结构中将发挥越来越显著的作用。

面对未来我国能源发展的重大挑战,包括一次能源供应、石油和天然气的安全保障、能源消费造成的环境污染、全球气候变化对减排 CO_2 的压力,我国正在积极采取以下措施,以保证能源系统的可持续性:

1) 大力发展节能产品,降低能耗

能源节约在我国经济发展中将起到举足轻重的作用,我国每万元国内生产总值的能耗,将由 1995 年的 2.33 t 标准煤,降到 2030 年的 0.54 t 标准煤、2050 年的 0.25 t 标准煤。根据分析,我国如果采取强化节能和提高能效的政策,到 2020 年的能源消费总量可以减少 15%~27%。预计在 2000~2020 年期间,我国可累计节能 1.04×10^9 t 标准煤,可减排二氧化硫 1880 万吨。节约能源可大幅度降低能耗,是我国解决能源安全问题的主要突破口。在未来 50 年,我国以煤炭为主要一次能源的能源结构基本格局不会从根本上发生改变,能源效率的提高和能耗降低的直接效果就是煤耗量的减少和污染排放的降低。因此,节能是我国今后相当长时期内各行各业都必须重视的工作,是我国经济持续、快速、和谐发展的重要保证。

2) 加快能源储备制度

当前,国际能源命脉仍然掌握在西方发达国家手中,在日趋激烈的国际能源竞争中,我国长期处于劣势。以石油资源为例,目前世界排名前 20 位的大型石油公司垄断了全球已探明优质石油储量的 81%。发达国家利用其对石油资源控制的优势进行战略石油储备,一般有 120~160 天的战略储备。我国没有战略储备油田和天然气田,我国将有计划地将某些勘探好或开发好的油田和天然气田封存或减量开采,作为战略储备能源和储备库,同时也鼓励企业进行能源商业储备。

3) 调整能源结构

改善以燃煤为主的能源消费结构,是我国发展经济和保护环境的迫切任务。2009 年在我国的能源结构中,能源消耗总量为 30.5 亿吨标准煤,其中煤炭占 70.1%,原油占18.7%,天然气占 3.85%,可再生能源占 7.35%。从长期以来我国形成的能源生产格局,以及近几年国际能源供需情况来看,煤炭工业在未来 50 年内仍将在我国整个能源过程中发挥不可替代的作用。

能源结构的优质化对能源需求总量影响很大。由于天然气平均利用效率比煤炭高30%,石油平均利用效率比煤炭高 23%,因此我国对石油、天然气等优质能源的消费将快速增加,这将使需求推动能源结构发生变化。另一方面我国正在大力加快洁净煤技术的研发和推广应用,以提高煤炭的利用率和减少污染排放。此外,我国政府也在不断加强洁净能源的开发,加大核能、水能、氢能、太阳能、风能、潮汐能、生物质能、高温地热资源等洁净能源的应用,使我国尽快出现能源结构多元化的局面。

4）能源来源多元化

我国的能源战略是多元化战略，注重积极发展与周边国家的全面能源合作，如俄罗斯、哈萨克斯坦、土库曼斯坦、伊朗等。同时通过投资世界重要产油国的能源开发，如沙特、俄罗斯、美国、尼日利亚、安哥拉，通过保证这些国家石油稳产来保证对我国有利的世界能源环境。除此以外，对于乌干达、伊拉克、利比亚、巴西、哈萨克斯坦、哥伦比亚，这些能源不断增产的国家也要不断加强影响，作为一种能源储备来对待。

5）提高能源通道安全性

目前，除了俄罗斯、哈萨克斯坦两国的原油和天然气进口基本通过陆路外，超过 90% 的进口通过海上运输，其中超过 80% 的进口原油，都要经过马六甲海峡这个通道。我国作为一个大陆国家不能放弃管道通道，没有管道，将过多地依赖于海外市场和海洋通道，这将给我国能源安全带来很大的隐患。

6）积极参与构建新的国际能源体系

我国的能源问题已经是世界性的问题，而世界面临的能源问题与我国的能源问题也基本相同，所以必须在全球化的大背景下制定我国能源问题的解决方案。作为世界大国，我国急切需要的是与世界对话，积极参与构建新的国际能源体系，在探讨和构建新的能源体系中发挥自己的作用，最终融入这种新的能源体系中去。同时，积极构建政府层面的多边能源对话机制，承担大国的责任，这也是我国国家软实力重要的组成部分。

7）环境友好

在世界各国社会经济发展过程中，环境约束对能源战略和能源供求技术产生十分显著的影响。我国目前在能源生产和利用过程中，已经对环境造成了严重的污染和破坏，所以必须把环境保护作为能源战略决策的主要因素加以考虑，实现环境友好的能源战略。实施环境友好的能源战略需要通过政府推动、公众参与、总量控制、排污交易等四个方面加以落实。具体措施包括：

（1）发展环境友好能源，把发展洁净能源和能源洁净利用技术作为可持续发展能源战略的重要目标。

（2）按空气质量要求，对主要污染物实行严格的总量控制。

（3）提高排污收费标准，实行排污交易。

（4）实行环保折价，将环境污染的外部成本内部化。

（5）尽快控制城市交通造成的环境污染。

（6）取消对高能耗产品的生产补贴。

（7）应对全球气候变暖的国际行动。

2.2　新能源与可持续发展

新能源和可再生能源的概念是 1981 年联合国在内罗毕召开的新能源和可再生能源会议上确定的，它不同于常规能源，即以新技术和新材料为基础，使传统的可再生能源得到现代化的开发利用，用取之不尽、用之不竭的可再生能源来不断取代资源有限、对环境有污染的化石能源。

新能源和可再生能源特别强调可以持续发展，对环境无损害，有利于生态的良性循环。会议界定新能源和可再生能源的主要特点是：

(1) 能量密度较低，并且高度分散；

(2) 资源丰富，可以再生；

(3) 清洁干净，使用中几乎没有损害生态环境的污染物排放；

(4) 太阳能、风能、潮汐能等资源具有间歇性和随机性；

(5) 开发利用的技术难度大。

基于上述概念和特点界定，太阳能、风能、生物质能、地热能、氢能以及海洋能等都应该属于新能源和可再生能源的涉及范围。

2.2.1 新能源和可再生能源的种类

传统意义上的可再生能源指生物质能和大水电，占人类能量消耗的 18% 左右。传统意义上的生物质能是一次能源，曾占人类能量消耗的 13% 左右，但随着人类进步，所占比例快速递减，其用途也只限于烹调和取暖。大水电作为一次能源，原先占全球能源总量的 3% 左右，近些年在一些国家，尤其是在广大发展中国家中发展非常迅速。

按目前国际惯例，新能源和可再生能源一般不包括大中型水电（已经属于常规能源），只包括太阳能、风能、小型水电、地热能、生物质能和海洋能等一次能源以及氢能、燃料电池等二次能源。"新能源"意义下的可再生能源则包括小水电、现代生物质能、风能、太阳能、地热能和生物燃料等。目前，我国新能源和可再生能源就遵照这种划分方法，即除常规化石能源、大中型水力发电及核裂变发电之外的太阳能、风能、小水电、生物质能、地热能、海洋能等一次能源以及氢能、燃料电池等二次能源。

1）太阳能

太阳能是地球接受到的太阳辐射能。太阳能的转换和利用方式有光热转换、光电转换和光化学转换。光热转换是太阳能热利用的基本方式。光电转化是太阳能利用中应用范围较广的方式。

2）风能

风能是太阳辐射造成地球各部分受热不均匀，引起各地温度和气压不同，导致空气运动而产生的能量。利用风力机械可将风能转换成电能、机械能和热能等。风能利用的主要形式有风力发电、风力提水、风力致热以及风帆助航等。

3）地热能

地热能是指地壳内能够科学、合理地开发出来的岩石中的热量和地热流体中的热量。地热能可分为水热型、地压型、干热岩型和岩浆型四类。水热型按温度高低可分为高温型（>150℃）、中温型（90～149℃）和低温型（≤89℃）。地热能的利用方式主要有地热发电和地热直接利用两类。不同品质的地热能，可用于不同目的。流体温度为 200～400℃ 的地热能主要用于发电和综合利用；150～200℃ 的地热能主要用于发电、工业热加工、干燥和制冷；100～150℃ 的地热能主要用于采暖、干燥、脱水加工、回收盐类和双工质循环发电；50～100℃ 的地热能主要用于温室、采暖、家用热水、干燥和制冷；20～50℃ 的地热能主要用于洗浴、养殖、种植和医疗等。

4）海洋能

海洋能是指蕴藏在海洋中的可再生能源，包括潮汐能、波浪能、潮流能、海流能、海水温度差能和海水盐度差能等不同的能源形式。海洋能按其储存的能量形式可分为机械能、热能和化学能。潮汐能、波浪能、海流能、潮流能为机械能；海水温度差能为热能；海水盐度差能为化学能。

5）生物质能

生物质能是蕴藏在生物质中的能量，是绿色植物通过光合作用将太阳能转化为化学能而储存在生物质内部的能量。有机物中除矿物燃料以外的所有源于动、植物的能源物质均属于生物质能，通常包括木材及森林废弃物、农业废弃物、水生植物、油料植物、城市和工业有机废弃物、动物粪便等。

6）小水电

小水电通常是小型水电站及其相配套的小容量电网的统称。1980 年联合国召开的第二次国际小水电会议规定装机容量为 $0.1 \sim 12$ MW 的水电站为小型水电站。我国的小水电资源技术可开发量为 1.25×10^3 MW。目前我国小水电的开发量为 20% 左右，预计到 2030 年，我国小水电的装机容量可以达到 1×10^3 MW。

7）核能

核能是原子核结构发生变化时释放出来的能量。目前人类利用核能的主要方式有两种：重元素的原子核发生裂变反应时释放出来的核能——核裂变能；轻元素的原子核发生聚合反应时释放出来的核能——核聚变能。核电是利用核裂变能或核聚变能转化为工质的热能后进行发电。核电已经是成熟应用多年的大规模电力生产方式，具有良好的经济性。2011 年核电发电量占全球发电量的 16%；截至 2012 年 5 月统计，全球共有 30 个国家运行着 433 台核电机组，总净装机容量为 3.714×10^5 MW；13 个国家正在建设 63 台核电机组，总装机容量为 6.217×10^4 MW；27 个国家计划建设 160 台核电机组，总装机容量为 1.797×10^5 MW；37 个国家拟建设 329 台核电机组，总装机容量为 3.763×10^5 MW。我国核电从自行设计、建造第一座 30 万千瓦秦山核电站起，目前已建成浙江秦山、广东大亚湾和江苏田湾三个核电基地，截至 2013 年 8 月底，共有 17 台机组相继投入商业运行，总装机容量约 1.475×10^4 MW。

8）氢能

氢能是世界新能源和可再生能源领域正在积极研究开发的一种二次能源。除空气外，氢以化合物的形态储存于水中，特别是在海水中，资源极其丰富。氢能不但清洁高效，而且转换形式多样，可以作为燃料电池的燃料。氢能将会成为一种重要的二次能源。燃料电池将成为一种最具有竞争力的全新发电方式。在不远的将来，燃料电池系统即可在清洁煤燃料电站、电动汽车、移动电源、不间断电源、潜艇以及空间电源等方面获得商业应用，开拓出广阔的市场。

9）洁净煤技术

洁净煤技术是指从煤炭开发到利用的全过程中旨在减少污染排放与提高利用效率的加工、燃烧、转化及污染控制等新技术。它将经济效益、社会效益与环保效益结为一体，成为能源工业中高新技术的一个主要领域。洁净煤技术按其生产和利用的过程可分为三类：① 燃烧前的煤炭加工和转化技术，包括煤炭的洗选和加工转化技术；② 煤炭燃烧技术，主要是洁净煤发电技术；③ 燃烧后不同种类的烟气脱硫技术。从 20 世纪 80 年代开始，世界上许多国家从能源发展的长远利益考虑，相继开始洁净煤技术的研究工作。发达国家投入大量的人力物力，在洁净煤技术的一些主要领域已取得重大进展，部分技术已经开始商业化推广应用。但从环境保护角度考虑煤炭在开发过程中对环境破坏依然严重。

10）天然气水合物

天然气水合物是 20 世纪 60 年代以来发现的一种新的能源资源，它是水和甲烷在低温高压下产生的一种固态物质。天然气水合物具有能量密度高、分布广、形成周期短、规模大等特点，被公认为 21 世纪新型洁净高效能源之一，日益引起世界各国政府的关注。其总能量约为煤、油、气总和的 2～3 倍。虽然天然气水合物有巨大的能源前景，但由于甲烷是一种强致温室效应气体，其作用约为二氧化碳的 400 倍，因此，是否能对天然气水合物进行大规模的安全开发，使之不发生甲烷气体泄漏或不诱发海底地质灾害，这些都是天然气水合物作为新能源在应用过程中需要研究和重视的内容。

2.2.2　可持续发展对新能源的需求

1. 可持续发展

1987 年，世界环境与发展委员会在题为"我们共同的未来"（Our Common Future）的报告中，第一次阐述了"可持续发展"（Sustainable Development）的概念，它包括了当代和后代的需求、国家主权、国际公平、自然资源、生态承载力、环境与发展等重要内容。可持续发展首先是从环境保护的角度来倡导保持人类社会的进步与发展的，它号召人们在增加生产的同时，必须注意生态环境的保护与改善。可持续发展也是一个涉及经济、社会、文化、技术及自然环境的综合概念，主要包括自然资源与生态环境的可持续发展、经济的可持续发展和社会的可持续发展三个方面，即以自然资源的可持续利用和良好的生态环境为基础；以经济可持续发展为前提；以谋求社会的全面进步为目标。可持续发展不仅是经济问题，也不仅是社会问题或者生态问题，而且是三者相互影响的综合体。

在可持续发展的概念提出来以后，引起了世界各国学者的高度兴趣和重视，使可持续发展的理论在过去的二十年中得到了快速的发展和完善，形成了完整的可持续发展理论体系。可持续发展的理论使人们逐步认识到过去的发展道路是不可持续的，至少是持续不够的，因而是不可取的，世界各国唯一可选择的发展道路是走可持续发展之路。可持续发展的概念提出来以后，得到了全世界不同经济水平和不同文化背景的各国的普遍认同。可持续发展是发展中国家与发达国家都可以争取实现的目标，广大发展中国家积极投身到可持续发展实践中也正是可持续发展理论风靡全球的重要原因。

2. 能源利用的可持续发展

要实现用能的可持续性，要采用以下措施建立起清洁、高效的可持续能源系统：

1）提高能源的利用率

目前，由一次能源向终端能量转换的效率全球平均约 1/3，即一次能源中有 2/3 的能量在转换过程中被浪费了，其中主要为低温热源损失。在终端能量提供服务时，还会产生大量的损失。在未来 20 年内，为达到较高的能源服务水平，发达国家可以下降 25%～35% 的能源损失，如果采用更有效的政策还会减少更多，经济转型国家可以实现 40% 的节能量。在大多数发展中国家，由于其经济高速发展，而设备和技术水平比较落后，与现有的技术水平所实现的能源效率相比，其潜在的节能潜力为 30%～45%。由此看来，通过能源的利用率，可以节约大量的一次能源，提高了能源系统的可持续性。

2）开发利用可再生能源

可再生能源具有使用时大气污染和温室气体排放为零或接近为零的特点，因此受到全球的青睐。目前可再生能源占全球一次能源供给总量的14％左右。新能源和可再生能源转换成电能的生产成本与传统的化石能源相比，在目前情况下比较昂贵，难以与传统的化石能源进行商业竞争，其生产成本如表2.3所示。

表 2.3　可再生能源技术成本

技术种类	交钥匙投资成本 /（美元/kW）	目前能源成本 /[美分/（kW·h）]	预计未来能源成本 /[美分/（kW·h）]
生物质发电	900～3000	5～15	4～10
生物质供热	250～750	1～5	1～5
乙醇	—	8～25 美元/（10^9J）	6～10 美元/（10^9J）
风电	1100～1700	5～13	3～10
光伏发电	5000～10 000	25～125	6～25
太阳能热发电	3000～4000	12～18	4～10
低温太阳能	500～1700	3～20	3～10
大型水电	1000～3500	2～8	2～8
小型水电	1200～3000	4～10	3～10
地热发电	800～3000	1～8	1～8
地热供电	200～2000	0.5～5	0.5～5
潮汐能	1700～2500	8～15	8～15
波浪能	1500～3000	8～20	～

3）采用先进的能源技术

积极研发先进的能源技术，实现化石燃料的利用接近零污染和零温室气体排放目标，同时研发新的能源技术，提高能源的利用率和环境友好性，并着力保持能源的多样性，也会提高能源系统的可持续性。

3. 可持续发展对能源工业发展的影响

在经济快速发展的过程中，消耗的能源也随之大幅度增长，同时也加剧了环境的污染和环境保护的压力。能源是人类赖以生存和发展必不可少的物质基础，它在一定程度上制约了人类社会的发展。如果能源的利用方式不合理，就会破坏环境，甚至威胁到人类自身的生存。可持续发展战略要求建立可持续发展的能源支持系统和不危害环境的能源利用方式。一般说来，能源短缺所引起的国民经济损失约为能源本身价值的20～60倍。因此，不论哪个国家的哪个时期，如果要加快国民经济的发展，就必须保证能源消费量的相应增长，若要经济持续发展，就必须走可持续的能源生产和消费的道路。

在快速增长的经济环境下，能源工业面临经济增长和环境保护的双重压力。经济增长导致了能源消耗量的增加，而在能源的转换与利用过程中会造成环境污染。世界范围内，在21世纪中叶以前，化石燃料仍在一次能源中占有主要的比例。在化石燃料的利用过程中，每年会排放 2×10^{10} t 的温室气体，使每年大气中二氧化碳和其他温室气体的浓度持续升高。大量的温室气体导致了全球温度的升高，并引起了一系列的环境问题。目前，发展中国家的能源需求正以每年 7% 的速度增长，发达国家每年的能源增长速度约为 3%。由于发展中国家人口是发达国家人口的三倍以上，因此发展中国家对能源的潜在需求是工业化国家的数倍。化石燃料是不可再生的能源，为了保证经济可持续发展，在提高化石燃料能源利用率的同时，要大力开发和推广应用新能源和再生能源，以满足人类对能源需求的持续增长。

2.2.3　世界新能源和可再生能源发展历程

　　20 世纪 90 年代以来新能源和可再生能源发展很快，世界上许多国家都把新能源和可再生能源作为能源政策的基础。从世界各国新能源和可再生能源的利用与发展趋势来看，风能、太阳能和生物质能发展速度最快，产业前景也最好。风力发电在可再生能源发电技术中成本最接近于常规能源，因此也成为产业化发展最快的清洁能源技术，年增长率达到 27%。许多国家制定了新能源与可再生能源的发展规划，使新能源与可再生能源在全球总能源耗费中的比例由 2009 年的 7.35%，提高到 2020 年的 15% 左右。

　　据预测，到 2070 年世界上 80% 的能源要依靠新能源和可再生能源，新能源和可再生能源的产业发展前景将是非常广阔的，世界各国政府也相应制定了未来新能源和可再生能源长远发展计划，如表 2.4 所示。

表 2.4　部分国家制定的未来可再生能源开发目标

国家	2020 年	2050 年
美国	风电比例占 5%，可再生能源发电比例占 20%	
加拿大	水电比例达到 76%	
德国	可再生能源比例占 20%	可再生能源发电比例占 50%
英国	可再生能源发电比例占 20%	
法国		可再生能源发电比例占 50%
日本	2030 年可再生能源比例占 20%	
中国	风电比例占 2%，可再生能源发电比例占 12%	可再生能源比例占 30%

　　新能源与可再生能源将成为能源可持续战略中的重点之一，也为能源的可持续发展提供了新的增长点和商机，促使各国政府和具有能源战略眼光的大公司投入到新能源与可再生能源研究中，加快了新能源和可再生能源的推广应用进程。新能源与可再生能源的研究方法主要分为基础理论研究、实用技术研发、工程应用推广等。

　　基础理论研究为新能源与可再生能源实用技术的研发奠定了基础并指明了方向，是其进入商业化应用的基石。世界各国对新能源与可再生能源的基础研究十分重视，我国在国家自然科学基金和"863"计划中都专门将它作为重点资助的领域。新能源与可再生能源的基础理论研究主要集中在高等院校和科研机构，国外少数大公司所属的研究所也从事相关的基础理论研究，目前已解决了许多基础理论问题，但还存在一些尚未解决的难题。

　　新能源与可再生能源的实用技术研发和工程应用推广主要集中在政府部门以及从事新能源与可再生能源的企业中。而新能源与可再生能源的商业化应用不仅取决于其技术本身，而且取决于其他相关学科技术的发展以及能源政策的扶持和激励作用。目前，材料科学与技术、计算机科学与技术、控制理论与技术、通信技术、环保技术等相关领域的发展和进步都直接影响和制约了新能源与可再生能源的商业化进程，只有上述相关领域的技术取得新的进步，才能降低新能源与可再生能源的生产成本，提高竞争力，最终提高新能源与可再生能源在全球能源总消费中的比例。

2.2.4　我国能源发展历程

纵观新中国成立以来的能源工业发展历程，新能源和可再生能源产业作为我国能源工业的一个重要组成部分，也始终与我国经济发展和资源环境制约密切相关。

1. 发展起步阶段（1949－1992 年）

1949 年新中国刚刚成立时，全国一次能源的生产总量只有 2400 万吨标准煤。20 世纪 50 年代以后，我国能源工业从小到大，不断发展壮大。到 1953 年，经过建国初的经济恢复，一次能源生产总量已经达到了 5200 万吨标准煤。随着我国社会主义经济建设的全面展开，我国的能源工业得到了迅速的发展，到 1980 年一次能源生产和消费分别达到了 6.37 亿吨和 6.03 亿吨标准煤，与 1953 年相比，平均年增长 9.7% 和 9.3%。

我国具有丰富的新能源和可再生能源资源，在其开发利用方面也取得了很大的进展，为进一步发展奠定了坚实的基础。我国大规模开发利用新能源和可再生能源始于 20 世纪 70 年代，经过两次世界能源危机的警示，针对当时我国经济发展出现的局部能源供应紧张，特别是农村能源短缺、热效率低下和大气污染、生态恶化等问题，国务院提出了"因地制宜、多能互补、综合利用、讲求效益"的十六字方针，从而有力地推动了新能源和可再生能源的开发利用工作，但其开发方式相对还是比较粗放的，利用效率相对还是比较低下的。

2. 法律政策导向和科技产业化发展阶段（1992－2004 年）

1992 年在巴西里约热内卢召开联合国环境与发展大会后，我国政府率先制定了《中国 21 世纪议程》，提出了积极开发利用太阳能、风能、生物质能和地热能等新兴可再生能源，保护环境，坚持走可持续发展的道路，从而标志新能源和可再生能源产业化建设正式进入了我国政府工作议事日程当中。

"八五"计划末，为支持新能源和可再生能源产业领域的科学研究、新技术攻关、新装备开发研制、示范工程建设，尤其是产业规划建设，原国家计划委员会、经济贸易委员会、科学技术委员会于 1995 年联合制定了《1996－2010 年新能源和可再生能源发展纲要》。再次强调了发展新能源和可再生能源对我国经济可持续发展和环境保护的重要作用，提出了一系列优先发展的新兴能源项目，并拨付专项资金进行支持。这对提高我国新能源和可再生能源的技术装备水平、开发利用技术、产品质量以及服务体系的建立都起到了重要的促进作用。

2001 年为了进一步贯彻落实《中华人民共和国节约能源法》，国家经贸委制定了《2000－2015 年新能源和可再生能源产业发展规划》，进一步提出了我国新能源和可再生能源中长期发展目标，即"到 2015 年，新能源和可再生能源利用能力达到 4300 万吨标准煤，占我国当时能源消费总量的 2%（不含传统生物质能利用和小水电），包括小水电 8000 万吨标准煤，占当时能源消费总量的 3.6%。"

2004 年我国传统的可再生能源的利用总量超过了 3 亿吨标准煤，水电约 3280 亿千瓦·时，约占我国全部发电量的 17%，可再生能源开发利用超过了 1.3 亿吨标准煤，在我国能源消费结构中约占 7%。无论是开发总量还是结构比例均在世界主要国家中位于前列。

3. 法律制度健全和产业化快速发展阶段(2005—2007 年)

我国新能源和可再生能源开发技术逐步趋于成熟，产业化进程不断取得新进展。2005 年 2 月 26 日全国人民代表大会正式通过了《中华人民共和国可再生能源法》，并于 2006 年 1 月 1 日开始施行，而与《中华人民共和国可再生能源法》配套的一系列法规和政策支撑体系也不断出台，包括支持新能源和可再生能源产业化发展的电价、税收、投资等政策，并建立了专项财政资金和全网分摊的可再生能源电价补贴制度。这标志着我国新能源和可再生能源发展进入了一个新的里程碑阶段。

2007 年 6 月，我国政府发布了《中国应对气候变化国家方案》，将发展风能、生物质能等新能源和可再生能源作为应对我国气候变化和减排温室气体的重要措施。2007 年 12 月，我国政府发布了《中国的能源状况与政策》白皮书，明确提出实现能源多元化的发展战略，将大力发展新能源和可再生能源作为国家能源发展战略的重要组成部分。

4. 产业规模化的发展阶段(2008 年开始)

2007 年，我国可再生能源消费量占能源消费总量的比重为 8.5%。《可再生能源中长期发展规划》明确到 2010 年，我国可再生能源的比重将达到 10%，2020 年达到 15%。到 2050 年将超过 20 亿吨标准煤。届时我国新能源和可再生能源将真正实现产业规模化，并成为我国能源供应结构中的一个重要支柱产业。

从新能源和可再生能源的资源状况和当今技术发展水平来看，我国今后真正可以规模化发展的新能源和可再生能源产业领域包括水能、风能、太阳能和现代生物质能。目前，现代生物质能未来很有可能成为应用最广泛的新能源和可再生能源产业领域，其主要利用方式包括发电、制取沼气、供热和生产液体燃料等，其中生物液体燃料(主要包括燃料乙醇和生物柴油)是重要的石油替代产品。风力发电技术已基本成熟，经济性已接近常规化石能源，在今后相当长时间内将会保持较快发展。太阳能热利用的主要发展方向是太阳能一体化建筑，并以常规能源为补充手段，实现全天候供热，在此基础上进一步向太阳能供暖和制冷的方向发展。当然太阳能光伏发电也很有发展前景，但根本问题还是发电成本太高，产业规模化发展受到较大的制约。

据初步估计，2020 年我国新兴能源产业能形成年产值 4500 亿元，同时带动相关产业 6000 亿元的产值，增加就业机会 500 万个。

要建立一个清洁、高效的可持续能源系统，还必须有实现可持续发展的能源政策加以规范化和给予政策与法律上的支持。能源战略和政策的目标主要是利用市场机制来实现能源的可持续供给，使市场发挥更好的调节作用，在能源政策的鼓励下，强化能源开发与利用技术的创新，加强发达国家与发展中国家在能源领域的合作，实施可持续能源计划，使全球在保证经济发展和能源供给的同时，保护环境和生态系统，创造一个和谐的发展模式，实现经济和能源的可持续发展。

国家能源委的成立，为新能源产业的发展提供了保障；哥本哈根会议、我国减排目标给新能源利用产业带来机遇；我国能源战略的调整，使得政府加大对可再生能源发展的支持力度，所有这些都为我国新能源产业的发展带来极大的投资前景。

2.3　新能源与可再生能源政策

多年以来世界各国为推动对可再生能源的利用，根据本国实际情况制定了大量的法令、法规和发展计划。

2.3.1　各国可再生能源发展相关激励政策

世界各国的再生能源推动制度，主要可分为：固定电价系统和固定电量系统。

1. 固定电价系统

由政府制订再生能源优惠收购电价，由市场决定数量。其主要方式包括：

(1) 设备补助：丹麦、德国及西班牙等在风力发电发展初期，皆采用设备补助的方式；

(2) 固定收购价格：德国、丹麦及西班牙；

(3) 固定补贴价格；

(4) 税赋抵减：美国。

2. 固定电量系统

由政府规定再生能源发电量，由市场决定价格，又称再生能源配比系统。其主要方式包括：

(1) 竞比系统：英国、爱尔兰及法国；

(2) 可交易绿色凭证系统：英国、瑞典、比利时、意大利及日本。

2.3.2　国外可再生能源发展相关激励政策

1. 丹麦可再生能源发展相关激励政策

丹麦政府对风力发电一直持积极的支持态度。1976 年、1981 年、1990 年和 1996 年，政府先后公布了四次能源计划，在 1996 年的能源计划中，能源远景规划扩展到 2030 年，提出了届时风电比重达 50% 的目标。丹麦政府制定和采取了一系列政策和措施，支持风力发电的发展。

1) 支持风能研发

丹麦国家实验室的风能部门约有 50 名科学家和工程师，从事空气动力、气象、风力评估、结构力学和材料力学等各方面的研究工作。为了保证风机的质量和安全性能，丹麦政府专门立法，要求风机的型号必须得到批准，并由国家实验室进行检验。

2) 财政补贴和税收优惠

为促进技术成熟，政府为每台风能发电机投入相当于成本 30% 的财政补助。此项补贴计划共实行了 10 年。丹麦规定了风电等可再生能源的最低价格，风电场每发电 1 kW·h，除可得到电网付款 0.33 丹麦克朗外，还可得到 0.17 克朗的补贴和 0.1 克朗的二氧化碳税返还。丹麦设有电力节约基金，对提高能源效率的技术和设备进行补贴。其最新的激励措施是，对使用化石燃料的用户征收空气污染税，而使用风能则享受一定的税收优惠。

3）实行绿色认证

每使用一定量的可再生能源电，政府相关部门就会发给一份可自由流通的"可再生能源义务履约证书"，这份证书俗称绿卡。

可再生能源发电商每发出一定可再生能源电量，除回收一定电费外，还得到与该电量相关数量的绿卡。可再生能源发电商发出的电量，电网必须收购，所有可再生能源发电都有优先上网权，电网有责任收购并付款。绿卡的市场需求通过配额的办法来保证。每个电力消费者必须购买分配给自己的可再生能源配额，以扩大风能等可再生能源的使用。

4）市场准入和上网优惠

政府通过强制措施和税收优惠等多重政策，消除风电在开发初期的市场准入障碍，建立行之有效的投、融资机制，对风电上网给予鼓励。电力公司须将售电收入优先付给私人风电所有者。

2. 德国可再生能源发展相关激励政策

2000 年，德国出台了《可再生能源法》(Emeuerbare Energien Gesetz，EEG)。EEG 实施后，德国的可再生能源发展更加迅猛，成为世界上可再生能源发展最快的国家。为实现更快的发展规划，德国议会对《可再生能源法》进行了修订，并于 2004 年 4 月通过了修订后的《可再生能源法》。

德国《可再生能源法》包括以下几个方面的主要内容：

(1) 规定了可再生能源电力固定的上网电价。

(2) 针对不同可再生能源发电类型、不同资源条件、不同装机规模，尤其是针对不同发电技术水平规定了不同的电价。

(3) 明确了可再生能源固定电价降低的时间表。

(4) 建立了可再生能源电力分摊制度，规定输电商负责对全国范围内各个地区和电网间的可再生能源上网电量进行整体平衡，使可再生能源固定的高电价带来的电力增量成本平均分摊在全国电网的全部电力上，以确保各个输电商之间能够公平竞争。

(5) 规范了可再生能源发电商和输电商应承担的并网设施和电网扩建费用，发电商有义务支付联网费用，而电网扩建费用由输电商承担。

(6) 对于已经具有电力成本竞争能力的可再生能源技术，不再给予价格优惠。

2010 年 7 月德国环境局(UBA)宣布，到 2050 年电力 100%由可再生能源提供。

3. 欧洲其他国家可再生能源发展相关激励政策

欧洲各国正在推进由依赖核电的能源政策向自然能源(指不依赖资源的自然现象的能源，如太阳能、风能、波浪能等)转换。欧洲可再生能源协会(EREC)也设想，到 2050 年欧洲全部能源需求由自然能源提供。按照 EREC 的设想，2050 年自然能源占欧洲电力供应的比率：风电 31%、光伏 27%、地热 12%、生物质能 10%、水电 9%、海洋 3%。

欧洲各国风电发展迅速，得益于欧盟和各成员国的政策扶持。2001 年欧盟出台了《可再生能源法规》，规定到 2010 年欧盟发电量的 21%必须来自可再生能源，所有能耗的 12%必须来自可再生能源。该法规给不同成员国设定不同目标，2008 年欧洲议会和各成员国正在审议新的可再生能源法规，欧盟 27 国首脑承诺，2020 年 20%能源来自可再生途径。

(1) 西班牙政府早在 1999 年就提出，2010 年该国 12%的能源以及 29%的电力来自可再生能源,欧盟《可再生能源法规》则要求西班牙 2010 年发电量的 29.4% 来自可再生能源。西班牙 1997 年对可再生能源发电并网价格做出规定,电价因发电技术和装机规模而异,发电厂可选择以固定价格并网,或以高出市场价一定比例的价格并网,固定价格每年审议一次。

(2) 1999 年,意大利能源白皮书规定,2010 年风电容量达到 250 万千瓦,该目标已提前 3 年实现。2002 年意大利政府推出可再生能源配额体制,要求所有发电厂和电力进口商必须保证一定比例电力来自可再生能源。

(3) 2001 年,法国出台鼓励可再生能源政策,并把每千瓦时风电的补贴价格定为 0.082 欧元,补贴期长达 10 年。2005 年 10 月又出台补充规定,要求在选定的"适合风能发展区"大力兴建风力发电站,并取消了风力发电站规模不能超过 1.2 万千瓦的规定。

(4) 2002 年 4 月 1 日开始,英国要求所有向终端用户供电的企业必须保证一定比例的电能来自可再生能源,该比例 2002 年定为 3%,以后逐年上升,到 2015 年达到 15.4%。2008 年,1000 KWh 的绿卡市场价格是 35.75 英镑。如果某企业可再生能源用电未达到规定比例,将需在公开市场购入绿卡,购买费用进入专门账户,最后用于扶持新能源,其目的是让全行业分摊可再生能源发电的成本。2008 年 6 月底,英国公布"可再生能源报告",提出 2020 年,英国能源的 15%,电力的 35%~40% 来自可再生途径,而风能则是重要的可再生能源。该目标意味着英国需要新增风电 3300 万千瓦,这将给英国风电行业增加 600 亿英镑投资,并创造 16 万个就业机会。

4. 美国可再生能源发展相关激励政策

美国可再生能源政策与立法起步最早可追溯到 20 世纪 60 年代末和 70 年代初。当时美国环境保护运动发展迅速,空气和水的质量问题得到社会普遍关注,正是在这个议题下,促进煤的清洁燃烧和加强可再生能源利用作为确保水质和空气质量的制度措施被大家广泛关注。

1) 《2009 美国清洁能源与安全法案》

2009 年美国众议院通过的《2009 美国清洁能源与安全法案》,其主要内容为:

(1) 首次对企业的二氧化碳等温室气体排放作出限制。在 2005 年排放量的基础上,到 2020 年减排 17%,到 2030 年减排 42%,2050 年减排 83%。法案一旦生效,将会涵盖美国 85% 的行业和领域,基本上包括所有的电力企业和每年二氧化碳排放当量超过 2.5×10^4 t 的主要工业企业,这将比欧盟现行的气候变化法案的覆盖面还要广泛。

(2) 要求逐步提高来自风能、太阳能等清洁能源的电力供应。该法案要求所有的电力公司都应在 2020 年时以可再生能源和能效改进的方式满足其电力供应量的 20%,其中 15% 需要来自风能、太阳能等可再生能源,5% 来自能效的提高。此外。该法案还为住宅、家用电器及相关工业规定了应达到的能源效率标准。

(3) 对排放指标、分配额度作出了规定,并引入排放配额交易制度。

2) 美国联邦政府对可再生能源的财政支持

美国联邦政府给予可再生能源研究每年 30 亿美元的研究经费,同样在工艺研究上也给予大量资金支持。

在项目最初的可行性研究阶段,美国政府一般给予 100% 的资金补助;在基础研发和工业性试验阶段,由于所需资金数量较大,产品的市场前景不明朗,资金补助的比例仍然维持在 50%~80% 的高水平；即使在生产工艺研究和产品定型阶段，为有效降低技术研发投资的风险，补助比例一般也不低于 50%。这种做法有效保证了技术研发的持续性，形成了较为充足的新技术和新产品的储备，这也是发达国家技术创新走在世界前列的重要原因。

3）美国州政府对可再生能源的财政支持

美国州政府对可再生能源的财政支持主要有可再生能源配额制、系统效益收费和电网强制收购等政策。

（1）可再生能源配额制政策：

允许可再生能源电力生产企业在销售可再生能源电力的同时，获得相应的绿色证书，该证书可以在专门的绿色证书交易市场上出售，其价格由市场供求关系决定，这样就为可再生能源电力生产企业增加额外的收入，从而促进可再生能源的发展。

可再生能源配额制不需要为可再生能源提供额外的补贴，不会造成政府的财政负担。到目前为止，美国实行可再生能源配额制的州已达到 20 个，占美国各州总数的 40%。

（2）系统效益收费：

系统效益收费是根据电力系统效益加收一定的费用。通过这项措施所筹集的资金，主要对可再生能源和节能的技术研发、产业建设、市场推广以及宣传教育和低收入家庭的补助等提供资助。目前，美国已有 14 个州实行了系统效益收费政策，每年可征集到的资金达 5 亿美元，预计 2005~2015 年 10 年间可达到 50 亿美元。

（3）电网强制收购政策：

要求电力公司对于技术、规模和地点各不相同的可再生能源项目所生产的电量，必须按照不同的电价水平进行收购，从而保证各种可再生能源技术都能获得比较合理的投资收益。

2.3.3　我国可再生能源发展相关激励政策

在 20 世纪 80 年代期间，随着能源消费的增长和环境的逐步恶化，我国政府加强了可再生能源发展的纲领性政策并创立了支持可再生能源发展的刺激政策，并设立了一些可再生能源发展的计划。为了更好地贯彻实施可持续发展战略，政府通过财政拨款和项目津贴的方式来支持可再生能源应用技术的研究。此外，政府及其相关部门同时也提供了补助性的贷款和税收减免的措施，从而加速可再生能源领域的产业化进程。

在此期间，国家关于可再生能源开发利用的政策和立法有：1994 年原电力部颁布的《风力发电厂并网运行管理规定（试行）》，1997 年国家计委制定的《新能源基本建设项目管理的暂行规定》，1999 年国家计委和科技部共同颁布的《关于进一步支持可再生能源发展有关问题的通知》等。

《中华人民共和国可再生能源法》于 2005 年 2 月颁布，2006 年开始生效，随着这部综合性法律的施行，为扶助可再生能源这一新兴产业的发展，同时吸引投资者们注资，政策性扶持的框架和产业发展规划也相继出台。以下几点概括了《中华人民共和国可再生能源法》的核心内容：

（1）建立了可再生能源产业的国家发展目标；

（2）明确了可再生能源发电的上网优先权；

（3）"根据可再生能源法，电网企业需要为可再生能源发电并网提供便利，并且购买可再生能源企业的所有发电量"；

（4）为可再生能源产业发展提供专门化基金支持；

（5）在常规能源发电的电价中征收附加税补贴可再生能源发电上网电价；

（6）为可再生能源企业提供区别化的税收方式；

（7）减少税收并提供所得税优惠政策；

（8）建立可再生能源补贴性电价机制以及国家化成本分担体系。

2007 年我国政府公布《可再生能源中长期发展规划》，其中规定风电开发目标为装机容量 2010 年 5×10^6 kW、2020 年 3×10^7 kW，2008 年又将 2010 年的开发目标上调至 1×10^7 kW，而实际上 2010 年已远远超过该目标。我国资源综合利用协会可再生能源专业委员会发表的《中国风电发展报告 2010》指出，我国 2020 年、2030 年风力发电装机容量保守预测将分别达到 1.5×10^8 kW 和 2.5×10^8 kW；乐观预测分别为 2×10^8 kW 和 3×10^8 kW；大胆预测分别为 2.3×10^8 kW 和 3.8×10^8 kW。该报告中大胆预测，2050 年我国风电装机容量将扩大至 6.8×10^8 kW。

第3章　太阳能概述

3.1　基本概念

1. 太阳

太阳是太阳系中唯一的恒星和会发光的天体，是太阳系的中心天体，太阳系质量的99.86％都集中在太阳，其直径大约是 1.392×10^6 千米，质量大约是 2×10^{30} 千克。从化学组成来看，现在太阳质量的大约四分之三是氢，剩下的几乎都是氦，而其他元素的总质量少于 2％。

太阳是一颗黄矮星，其寿命大约为 100 亿年，目前太阳大约 45.7 亿岁。在大约 50 至60 亿年之后，太阳内部的氢元素几乎会全部消耗尽，太阳的核心将发生坍缩，导致温度上升，这一过程将一直持续到太阳开始把氦元素聚变成碳元素。

太阳是由核心、辐射区、对流层、光球层、色球层、日冕层构成的。光球层之下称为太阳内部；光球层之上称为太阳大气。

太阳的核反应区是从太阳中心到 0.25 半径的范围，是太阳发射巨大能量的真正源头。太阳核心处温度高达 1500 万度，压力相当于 3000 亿个大气压，随时都在进行着热核反应，每秒钟有质量为 6 亿吨的氢经过热核聚变反应为 5.96 亿吨的氦，并释放出相当于 400 万吨氢的能量，正是这巨大的能源带给了我们光和热。

辐射区是 0.25～0.86 太阳半径的区域，它包含了各种电磁辐射和粒子流。辐射从内部向外部传递的过程是多次被物质吸收而又再次发射的过程。从核反应区到太阳表面的行程中，能量依次以 X 射线、远紫外线、紫外线，最后是可见光的形式向外辐射。

对流层是辐射区的外侧区域，其厚度约有十几万千米，由于这里的温度、压力和密度梯度都很大，太阳气体呈对流的不稳定状态。使物质的径向对流运动强烈，热的物质向外运动，冷的物质沉入内部，太阳内部能量就是靠物质的这种对流由内部向外部传输的。

2. 太阳光

太阳光是由于太阳发生热核聚变反应产生的强烈光辐射，是一种电磁波。太阳光分为可见光和不可见光。可见光是指能被人类眼睛感知的光线，如太阳光中的红、橙、黄、绿、蓝、靛、紫绚丽的七色彩虹光，由于可见光谱段能量分布均匀，所以是白光；不可见光是指不能被人类眼睛感知的光线，如紫外线、红外线等。靠近红光的光所含热能比例较大，紫光所含热能比例小。

红外线的波长是 0.77～1000 μm，分为近红外线（长波红外线）、中红外线、远红外线（短波红外线）等。其中远红外线波长为 2.5～30 μm，占红外线光波的 20％左右，经过光的透射、折射、反射及物体的吸收，仅剩很少的一部分还维系着地球上一切生物的生存，包括人类的成长和生命的延续，因此远红外线被称为"生育光线"。

太阳向宇宙空间发射的辐射功率为 3.8×10^{23} kW 的辐射值，其中只有 20 亿分之一到达地球大气层上层。到达地球的太阳能功率为 8×10^{13} kW，也就是说太阳每秒钟照射到地球上的能量就相当于燃烧 500 万吨煤释放的热量。全球人类目前每年能源消费的总和只相当于太阳在 40 分钟内照射到地球表面的能量。

地球上的风能、水能、海洋温差能、波浪能和生物质能以及部分潮汐能都是来源于太阳；即使是地球上的化石燃料（如煤、石油、天然气等）从根本上说也是太阳能，所以广义的太阳能包括的范围非常大，但狭义的太阳能则限于太阳辐射能的光热、光电和光化学的直接转换。

现在所说的太阳能通常指的就是后者。太阳能的利用，使人类社会进入了一个减少污染的环保时代。太阳能既是一次能源，又是可再生能源。它资源丰富，既可免费使用，又无需运输，对环境无任何污染。

当太阳辐射穿过大气层时，既受大气中的空气、水汽和灰尘所散射，又受大气中的氧、臭氧、水和二氧化碳所吸收，致使到达地面的太阳辐射显著衰减，即 30% 被大气层反射，23% 被大气层吸收，47% 到达地球表面。其中 X 射线及其他波长更短的辐射在电离层内被氮、氧及其他分子强烈吸收；大部分的紫外线被臭氧吸收；波长大于 3 μm 的辐射被水蒸气基本吸收。在到达地面的太阳辐射中，98% 辐射能量的波长范围在 $0.3 \sim 3$ μm 之间，由直射辐射和漫射辐射组成。这两部分之和称为太阳总辐射，它随大气透明度和太阳高度的变化而变化。

太阳直射辐射是指未改变照射方向，以平行光形式到达地球表面的太阳辐射。太阳直射辐射的强弱通常用直射辐射强度表示，单位为 W/m^2。透过大气层的太阳直射辐射强度比大气层外的太阳常数有显著衰减，衰减程度与太阳辐射过大气层的行程长度及大气的透明度有关。

太阳漫射辐射是太阳辐射穿过地球大气层时，受大气层中空气分子、水汽及尘埃散射后到达地表面的那部分辐射。它来自半球天空的各方向，故又称天空辐射。在中纬度地区占太阳总辐射的 30%～40%；高纬度地区所占比例更大。在冬季和太阳高度角低时最大。云也大大增加了漫射辐射量，在日出前和日落后短时间内地表面所接受到的太阳总辐射全部都是漫射辐射。晴天到达地表水平面上的漫射辐射量主要取决于太阳高度角和大气透明度。地表和云层反射的太阳辐射再经大气散射后，也有一部分返回地面，故漫射辐射也随地表反射特性和天空云况而变化。

3. 太阳入射角计算

地球上某处太阳辐射能量的大小与太阳相对于地球的位置有关。换言之，地球表面上某一点所接受到日照的日变化和年变化，都是地球自转和它围绕太阳公转而引起的。地球公转产生昼夜长短变化，地球自转使我们看到太阳东升西落。

表示太阳对地球上某一点的相对位置，可以用地理纬度（ψ）、太阳赤纬角（δ）、时角（ω）、太阳高度角（α）以及太阳方位角（γ）等太阳角进行表示和定位。

1) 太阳赤纬角（δ）

地球中心和太阳中心的连线与地球赤道平面的夹角称为太阳赤纬角（δ）。表 3.1 列出了一年中各特征日（节气）、日期和太阳赤纬角的对照。

表 3.1　赤纬、日期和节气对照表

节气	日期	赤纬	节气	日期	赤纬	节气	日期	赤纬
立春	2 月 4 日	−16.4°	芒种	6 月 6 日	22.6°	寒露	10 月 8 日	−5.7°
雨水	2 月 19 日	−11.5°	夏至	6 月 22 日	23.5°	霜降	10 月 24 日	−11.6°
惊蛰	3 月 6 日	−6°	小暑	7 月 7 日	22.7°	立冬	11 月 8 日	−16.4°
春分	3 月 21 日	0°	大暑	7 月 23 日	20.2°	小雪	11 月 23 日	−20.2°
清明	4 月 5 日	5.8°	立秋	8 月 8 日	16.3°	大雪	12 月 7 日	−22.5°
谷雨	4 月 20 日	11.3°	处暑	8 月 23 日	11.6°	冬至	12 月 22 日	−23.5°
立夏	5 月 6 日	16.4°	白露	9 月 8 日	6°	小寒	1 月 6 日	−22.5°
小满	5 月 21 日	20.1°	秋分	9 月 23 日	0°	大寒	1 月 20 日	−20.2°

太阳赤纬角也可以用公式(3.1)进行计算求得：

$$\delta = 23.45\sin\left(360 \times \frac{284+n}{365}\right) \tag{3.1}$$

式中：n 为一年中的日期号。

2）太阳时角（ω）

单位时间地球自转的角度定义为时角（ω），规定正午时角为 0°，上午时角为负值，下午时角为正值。地球自转一周 360°，对应的时间为 24 h，即 1 h 相应的时角为 15°，每 4 min 的时角为 1°。

3）太阳高度角（α）

太阳高度角（α）是地球表面上某点和太阳的连线与地平线之间的夹角，其具体含义如图 3.1 所示。

太阳高度角可用公式 3.2 进行计算：

$$\sin\alpha = \sin\psi\sin\delta + \cos\psi\cos\delta\cos\omega \tag{3.2}$$

式中：ψ 为当地纬度；δ 为太阳赤纬角；ω 为太阳时角。

4）太阳方位角（γ）

太阳方位角（γ）是太阳至地面上某给定点的连线在地面上的投影与南向（当地子午线）之间的夹角，如图 3.1 所示。方位角从正午算起，上午为负值，下午为正值。它代表太阳光线的水平投影离正南的角度，由下式计算：

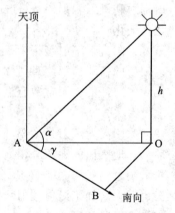

图 3.1　太阳高度角及方位角

$$\sin\gamma = \frac{\cos\delta\sin\omega}{\cos\alpha} \tag{3.3}$$

当 $\sin\gamma$ 的计算值大于 1 时，改用下式进行计算：

$$\sin\gamma = \frac{\cos\alpha\sin\psi - \sin\delta}{\cos\alpha\cos\psi} \tag{3.4}$$

5）接受器方位角（γ_j）

接受器法线在地面上的投影与南向（当地子午线）之间的夹角称为接受器方位角。

6）接受器倾斜角（β）

接受器与水平面之间的夹角称为接受器倾斜角。

7）太阳入射角（θ）

当太阳光与接受器相垂直时，接受器可以获得最大的光照强度。因此，为了更高效地利用太阳能，在大多数太阳能利用设备上都要安装太阳跟踪装置，保证接受器与太阳光保持垂直。

$$\cos\theta = \sin\delta(\sin\psi\cos\beta - \cos\psi\sin\beta\cos\gamma_j) + \cos\delta\cos(\cos\psi\cos\beta + \sin\psi\sin\beta\cos\gamma_j)$$
$$+ \cos\delta\sin\beta\sin\gamma_j \sin\omega$$

3.2　太阳能利用及其特点

3.2.1　太阳能利用

太阳能利用技术从能量转换方式来分，有三种方式：即光热转换、光电转换和光化学转换，其中应用最广的是光热转换技术；太阳能光化学转换正在积极探索、研究中。

1. 太阳能光热转换

太阳能光热转换，是利用太阳光中的热能，具体应用领域有以下 4 个方面。

1）太阳能烹饪

太阳能灶是利用太阳能辐射，通过聚光获取热量，进行炊事烹饪食物的一种装置。人类利用太阳能灶已有 200 多年的历史，特别是近二、三十年来，世界各国都先后研制生产了各种不同类型的太阳能灶。

太阳能灶的关键部件是聚光镜，不仅有镜面材料的选择，还有几何形状的设计。最普通的反光镜为镀银或镀铝玻璃镜，也有铝抛光镜面和涤纶薄膜镀铝材料等。新一代聚光式太阳能灶是利用抛物面较强的聚光特性，功率大，使锅底温度可达 $500\sim900$℃ 以上（以 $2\ \mathrm{m}^2$ 计），功率相当于 900 W 电炉，灶面采用纳米级高分子复合材料，反光膜采用第三代高亮度太阳能灶专用聚光膜。

2）太阳能热水系统

太阳能热水系统是太阳能热利用中最常见的一种装置。其基本原理如图 3.2 所示，它通过集热器将太阳辐射能收集起来，再通过不同物质之间的热交换将冷水加热，最终为生产和生活提供热水。

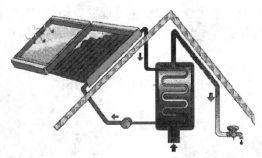

图 3.2　太阳能热水器

太阳能热水器以其经济、节能、环保、安全、方便、供水量大等优点，备受世人瞩目。随着太阳能热水器关键技术的不断突破，太阳能热水器已广泛运用于各类需用热水的场所。

3）太阳能热力发电

太阳能热力发电是当今世界各国在太阳能利用方面研究的主题之一。太阳能热力发电就是通过集热器代替了常规锅炉，用太阳能热力系统带动发电机发电。

太阳能热力发电要求集热温度高，需采用聚热型集热器，以提高光能流密度。目前热发电系统主要有三种类型：槽式系统、塔式系统和碟式系统。对大功率的太阳能热力发电系统，常需要较大的占地面积，因此，太阳能热力发电特别适合于偏远地区和电力输送困难的地区，尤其适合于我国的西部地区。研究表明，太阳能热力发电是最可能引起能源革命、实现大功率发电、替代常规能源的经济技术手段之一，将完全有可能给紧张的能源问题带来革命性的解决方案。

4）太阳能干燥

太阳能干燥就是使被干燥物料直接吸收太阳能或通过太阳空气集热器所加热的空气，间接吸收太阳能，从而完成物料干燥的方法。按照物料接受太阳能及能量输入方式进行分类，太阳能干燥主要可分为以下三种类型：

（1）温室型太阳能干燥系统；

（2）集热器型干燥系统；

（3）集热器——温室型太阳能干燥系统。

此外，还有聚光型太阳能干燥器、太阳能远红外干燥器和太阳能振动流化床干燥器等多种形式。太阳能干燥已被广泛应用于农副产品加工和橡胶、瓷器，制鞋等工业产品的生产中。

2. 太阳能光电转换

光伏发电是根据光生伏特效应原理，利用太阳能电池将太阳光能直接转化为电能。不论是独立使用还是并网发电，光伏发电系统主要由太阳能电池板（组件）、控制器和逆变器三大部分组成。理论上讲，光伏发电技术可以用于任何需要电源的场合，上至航天器，下至家用电源，大到兆瓦级电站，小到玩具，光伏电源无处不在。主要应用领域有以下 4 个方面：

1）太阳能交通工具

太阳能交通工具包括太阳能航空器、太阳能电动车、太阳能船舶、太阳能飞机。

人造卫星是最早使用太阳能光电转换技术的领域。由于人造卫星常常需要在外太空长时间工作，需要自带能量，太阳能电池板作为一种结构简单，故障率低的发电系统就成为首选的动力源。图 3.3 为使用太阳能电池作为动力源的人造卫星。

太阳能电动车是太阳能交通工具中最受重视的研发领域。太阳能电动车是一种以电力为能源的车辆，通过安装在车身上的太阳能电池将太阳能转化成电能对车辆进行供电。图3.4 是太阳能电动车。

图 3.3　人造卫星　　　　　　　　图 3.4　太阳能电动车

太阳能飞机是以太阳能作为推进能源的飞机。由于太阳辐射的能量密度小，为了获得足够的能量，飞机上应有较大的摄取阳光的表面积，以便铺设太阳电池，因此太阳能飞机的机翼面积较大。太阳能飞机与常规能源飞机相比较具有更高的滞空时间。图 3.5 是太阳能飞机。

太阳能船舶大多为一种混合动力船舶，由太阳能和常规能源或风能提供动力。图 3.6 是太阳能船舶。

图 3.5　太阳能飞机　　　　　　　　　　图 3.6　太阳能船舶

2）太阳能照明

现在常用的太阳能照明技术是以白天太阳光作为能源，利用太阳能电池给蓄电池充电，把太阳能转换化学能储存在蓄电池中，晚间使用时以蓄电池作为电源给照明系统提供能量。图 3.7 是太阳能路灯。

图 3.7　太阳能路灯

一套基本的太阳能照明系统包括太阳能电池板、充放电控制器、蓄电池和光源。太阳能照明技术具有一次性投资、无长期运行费用、安装方便、维护简单、使用寿命长等特点。现在市场上小功率的太阳能庭院灯、草坪灯很有竞争力，随着大功率高亮度 LED 光源技术的发展，太阳能照明所需要的电池板面积也将越来越小，蓄电池所需容量也将越来越小，这将使太阳能照明有更好的市场前景。

3）太阳能电站

我国有荒漠面积 108 万平方公里，主要分布在光照资源丰富的西北地区。1 平方公里面积可安装 100 兆瓦光伏阵列，每年可发电 1.5 亿度；如果开发利用 1‰ 的荒漠，所发出的电量相当于我国 2003 年全年的电消费量。在我国电力干线周围有适合于大规模安装光伏发电开发的浩瀚荒漠，开发利用荒漠太阳能资源对于我国有着深远的战略意义。

3. 太阳能综合利用

太阳能综合利用是指在使用太阳能时同时使用太阳能光热转化和光电转化，或在应用领域中既可以采用太阳能光热转化技术，也可以采用太阳能光电转化技术。

1）太阳能建筑

利用太阳能供电、供热、供冷、照明，建成太阳能综合利用建筑物，是太阳能利用的一个新的发展方向。图 3.8 是太阳能建筑效果图。

图 3.8　太阳能建筑效果图

太阳能建筑的发展大体可分为三个阶段：第一阶段为被动式太阳房，它是一种完全通过建筑物结构、朝向、布置以及相关材料的应用进行集取、储存和分配太阳能的建筑；第二阶段为主动式太阳房，它是一种以太阳能集热器与风机、泵、散热器等组成的太阳能采暖系统或者与吸收式制冷机组成的太阳能空调及供热系统的建筑；第三阶段是加上太阳电池应用，为建筑物提供采暖、空调、照明和用电，完全能满足这些要求的称为"零能房屋"。

我国在北京建的首座太阳能综合利用示范楼共安装了 100 kW 太阳能光伏发电系统和 360 kW 太阳能空调制冷、采暖和热水综合系统。经过一年多的试运行，目前楼内及大院内的能耗包括空调系统、供电系统、供暖系统、热水供应系统等全部由太阳能系统自给。"第一楼"的成功运行，标志着我国在太阳能建筑综合利用方面实现了重大突破。

2）太阳能海水淡化

地球可供人类直接利用的淡水不足地球总水量的 0.36%，人类解决水资源短缺的根本出路在于海水淡化。利用太阳能作为淡化海水（或苦咸水）的能源，比利用其他能源更环保，对于用水量小且地处偏僻分散的地区来说也更经济。

传统工业化海水淡化技术的运行原理大致可分为两类：一是相变过程，包括多级闪蒸、多效沸腾和蒸汽压缩等过程；二是渗析过程，主要有反渗透膜法和电渗析法等过程。图 3.9 是相变过程太阳能海水淡化系统结构图。

相变过程最显著的优势就是能够重复利用蒸发与冷凝过程的潜热，使之在预热进入装置的海水的同时，冷凝部分蒸汽成为淡水产品。由于现阶段太阳能发电的成本相当高，利用太阳能发电提供渗析过程能量进行海水淡化并不经济，因此，太阳能与传统工业化海水淡化技术相结合仍主要集中在相变过程。

目前，我国自主生产的海水淡化百吨级装置淡化纯净水综合成本在 6 元/吨左右，千吨

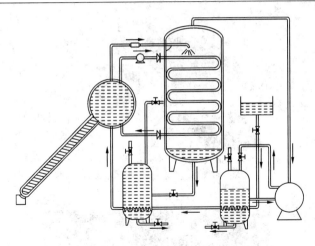

图 3.9 太阳能海水淡化系统结构图

级装置淡化纯净水吨水综合成本将小于 4 元/吨，已达到国际先进水平，并可实际运营，这对于满足沿海、海岛及内陆苦咸水地区人民生产、生活用水需求具有重要意义。

3）太阳能空调

太阳能空调是以太阳能作为制冷空调的能源。利用太阳能制冷可以有两条途径，一是利用光伏技术产生电力，以电力推动常规的压缩式制冷机制冷；二是进行光热转换，即通过集热器收集太阳能，靠消耗太阳能转化来的内能使热量从低温物体向高温物体传递。所使用的工作介质是两种不同的沸点的物质组成的混合物。其中，沸点低的为制冷剂，沸点高的为吸收剂。通过选用不同的工作介质，可获得零度以上或零度以下的低温。图 3.10 是太阳能空调工作原理图。

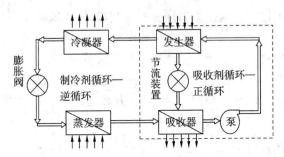

图 3.10 太阳能空调工作原理图

4）太阳能水泵系统

太阳能水泵系统是近年来迅速发展起来的光机电一体化系统，其基本原理是利用太阳能电池板构成阵列后，把太阳能直接转变为电能，然后驱动各类电动机带动高效节能水泵从深井和江、河、湖、塘等水源提水。图 3.11 是太阳能水泵系统结构简图。

太阳能水泵寿命可达 20 多年，具有运行费用低和少维护或免维护等优点。因其具有无噪声、运行自主管理、可靠性高、供水量与土壤蒸发量适配性好等许多优点，已被世界各地，特别是亚、非、拉及中东等地区国家广泛应用。太阳能水泵系统的推广应用不仅对解决土地沙化、植被减少等生态环境的恶化有较好的改善作用，并且可对边防、哨所、海岛站点、自然保护区等高度分散点人员的用水和生活提供有效的保证。

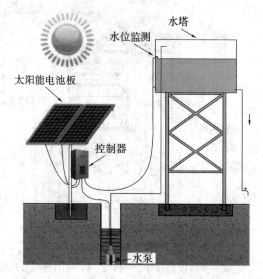

图 3.11　太阳能水泵系统结构简图

4. 太阳能光化学转换

太阳能光化学转换技术主要是指太阳能制氢技术。氢是一种二次能源，也是未来的新能源，干净无毒，对环境无污染，可用于不同的能量转换器。氢燃烧生成水，水可再经过光解产生氢，以水为原料，以太阳能为初次能源，从而构成一个对环境无污染的能源循环利用。在自然界中，氢已和氧结合成水，必须用热分解或电分解的方法把氢从水中分离出来。如果用煤、石油和天然气等燃烧所产生的热或所转换成的电来分解水制氢，那显然是不经济的。

高效率制氢的基本途径是利用太阳能分解水制氢，其制氢方法主要有太阳能热分解水制氢、太阳能发电电解水制氢、阳光催化光解水制氢、太阳能生物制氢等，其中阳光催化光解水制氢和太阳能生物制氢属于太阳能光化学转换技术。

利用太阳能制氢有大量的理论问题和工程技术问题需要解决，世界各国都十分重视，已投入不少的人力、财力、物力，并且取得了多方面的进展。太阳能制氢与燃料电池技术相结合将成为太阳能应用的另一大领域。

3.2.2　太阳能利用的特点

1. 太阳能利用的优点

现在，人们越来越认识到太阳能的重要价值。特别是在当前世界各国面临能源日益紧缺的情况下，人们已把太阳能作为开发利用的主要新能源之一。随着科学技术的不断发展，人类对太阳能的利用日益广泛和深入，如常见的太阳能计算器、热水器等。太阳能的交通工具，除汽车外，目前首架太阳能飞机已经试飞成功并开始环球旅行。现在，太阳能的利用已扩展到科学研究、航空航天、国防建设和日常生活的各个方面。

太阳能作为一种新能源，与传统能源相比有四大优点：

（1）可再生。据天文学家测算，太阳的寿命可达 100 多亿年，目前它正处于稳定而旺盛的中年时期，也就是说在未来的数十亿年间太阳还可以稳定的向地球供应能量。因此可以说是取之不尽，用之不竭。

（2）储量巨大。太阳能是人类可以利用的最丰富的能源，太阳能资源总量相当于人类所利用的能源的一万多倍，太阳辐射能的功率为 $8 \times 10^{13}\,kW$，也就是说太阳每秒钟照射到地球上的能量就相当于 500 万吨煤。

（3）无地域限制、使用成本低廉。太阳能遍布全球、遍地皆是，即使是每天日照时间相当短的国家，也可以经济有效地利用太阳能提供大量能源。

（4）环保无污染。太阳能是一种洁净能源，不会产生废渣、废水和废气，不影响生态平衡。

2. 太阳能利用的缺点

太阳能虽然有众多优点，但在开发利用过程中也存在一定的局限性和缺点：

（1）分散性。主要表现在能量密度低，在地球大气层上界垂直于太阳辐射的单位表面积上所接受的太阳辐射能为 $1.353\,kW/m^2$，由于云层反射、大气吸收，即使在太阳能资源较丰富地区，地面上接受到太阳辐射量也小于 $1\,kW/m^2$，因而若要获得较大能量，接受器采光面积必须要相当大。若要获得较高的能量密度，必须要聚光。

（2）变化性。由于地球自转、公转及自转轴与轨道面之间存在的夹角，使地球上产生昼夜及季节的变化，使太阳能量成为一个变化的数值，因此，一般需要考虑自动跟踪等问题。另外，由于气候变化，如阴天下雨时，太阳辐射能量也将产生变化，因此，要连续利用太阳能，就必须考虑能量贮存，或利用常规能源作为辅助能源装置。

在太阳能利用过程中，为了更好地扬长避短，往往采取以太阳能为主，多能互补的方式。这既可满足用户需求，又获得显著的经济效益和社会效益。

3.3　世界太阳能资源的分布

国际太阳能资源分布根据国际太阳能热利用区域分类，全世界太阳能辐射强度和日照时间最佳的区域包括北非、中东地区、美国西南部和墨西哥、南欧、澳大利亚、南非、南美洲东、西海岸和中国西部地区等。世界太阳能储量分布如图 3.12 所示。

1）北非地区太阳能储量

北非地区是世界太阳能辐照最强烈的地区之一。摩洛哥、阿尔及利亚、突尼斯、利比亚和埃及太阳能热发电潜能很大。阿尔及利亚的太阳年辐照总量为 $9.72 \times 10^6\,kW/m^2$，技术开发量每年约 $1.6944 \times 10^{14}\,kW \cdot h$。摩洛哥的太阳年辐照总量为 $9.36 \times 10^6\,kW/m^2$，技术开发量每年约 $2.0151 \times 10^{13}\,kW \cdot h$。埃及的太阳年辐照总量为 $1.008 \times 10^7\,kW/m^2$，技术开发量每年约 $7.3656 \times 10^{13}\,kW \cdot h$。太阳年辐照总量大于 $8.28 \times 10^6\,kW/m^2$ 的国家还有突尼斯、利比亚等国。阿尔及利亚有 2381.7 平方公里的陆地区域，其沿海地区太阳年辐照总量为 $6.12 \times 10^6\,kW/m^2$，高地和撒哈拉地区太阳年辐照总量为 $6.84 \sim 9.54 \times 10^6\,kW/m^2$，全国总土地的 82% 适用于太阳能热发电站的建设。

2）南欧地区太阳能储量

南欧地区的太阳能辐照总量超过 $7.2 \times 10^6\,kW/m^2$。西班牙太阳年辐照总量为 $8.1 \times 10^6\,kW/m^2$，技术开发量每年约为 $1.646 \times 10^{12}\,kW \cdot h$。意大利太阳年辐照总量为 $7.2 \times 10^6\,kW/m^2$，技术开发量每年约 $8.8 \times 10^{10}\,kW \cdot h$。希腊太阳年辐照总量为 $6.84 \times$

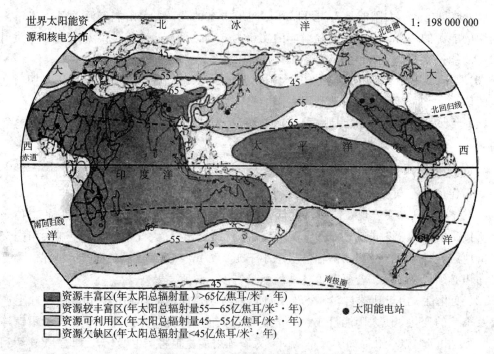

图 3.12　世界太阳能储量分布图

10^6 kW/m^2，技术开发量每年约 4.4×10^{10} kW·h。葡萄牙太阳年辐照总量为 7.56×10^6 kW/m^2，技术开发量每年约 4.36×10^{11} kW·h。土耳其的技术开发量每年约 4×10^{11} kW·h。西班牙的南方地区是最适合于建设太阳能热发电站的地区之一，该国也是太阳能热发电技术水平最高、太阳能热发电站建设最多的国家之一。

3）中东地区太阳能储量

中东几乎所有地区的太阳能辐射能量都非常高。以色列、约旦和沙特阿拉伯等国的太阳年辐照总量为 8.64×10^6 kW/m^2。阿联酋的太阳年辐照总量为 7.92×10^6 kW/m^2，技术开发量每年约 2.708×10^{12} kW·h。以色列的太阳年辐照总量为 8.64×10^6 kW/m^2，技术开发量每年约 3.18×10^{11} kW·h。伊朗的太阳年辐照总量为 7.92×10^6 kW/m^2，技术开发量每年约 2×10^{13} kW·h。约旦的太阳年辐照总量约 9.72×10^6 kW/m^2，技术开发量每年约 6.434×10^{12} kW·h。以色列的总陆地区域是 2.033 万平方公里；沙漠覆盖了全国土地的一半，这也是太阳能利用的最佳地区之一，以色列的太阳能热利用技术处于世界最高水平之列。我国第一座 70 kW 太阳能塔式热发电站就是利用以色列技术建设的。

4）美国太阳能储量

美国也是世界太阳能资源最丰富的地区之一。根据美国 239 个观测站 1961～1990 年30 年的统计数据，全国一类地区太阳年辐照总量为 $9.198 \sim 10.512 \times 10^6$ kW/m^2，一类地区包括亚利桑那和新墨西哥州的全部，加利福尼亚、内华达、犹他、科罗拉多和得克萨斯州的南部，占总面积的 9.36%。二类地区太阳年辐照总量为 $7.884 \sim 9.198 \times 10^6$ kW/m^2，除了包括一类地区所列州的其余部分外，还包括犹他、怀俄明、堪萨斯、俄克拉荷马、佛罗里达、佐治亚和南卡罗来纳州等，占总面积的 35.67%。三类地区太阳年辐照总量为 $6.57 \sim 7.884 \times 10^6$ kW/m^2，包括美国北部和东部大部分地区，占总面积的 41.81%。四类地区太阳年辐照总量为 $5.256\sim6.57\times10^6$ kW/m²，包括阿拉斯加州大部地区，占总面积的9.94%。五类地区太阳年辐照总量为 $3.942\sim5.256\times10^6$ kW/m²，仅包括阿拉斯加州最北端的少部地区，占总面积的3.22%。美国的外岛如夏威夷等均属于二类地区。美国的西南部地区全年平均温度较高，有一定的水源，冬季没有严寒，虽属丘陵山地区，但地势平坦的区域也很多，只要避开大风地区，是非常好的太阳能热发电地区。

5）澳大利亚太阳能储量

澳大利亚的太阳能资源也很丰富。全国一类地区太阳年辐照总量为 $7.621\sim8.672\times10^6$ kW/m²，主要在澳大利亚北部地区，占总面积的54.18%。二类地区太阳年辐照总量为 $6.57\sim7.621\times10^6$ kW/m²，包括澳大利亚中部，占全国面积的35.44%。三类地区太阳年辐照总量为 $5.389\sim6.57\times10^6$ kW/m²，在澳大利亚南部地区，占全国面积的7.9%。太阳年辐照总量低于 6.57×10^6 kW/m² 的四类地区仅占2.48%。澳大利亚中部的广大地区人烟稀少，土地荒漠，适合于大规模的太阳能开发利用。最近，澳大利亚国内也提出了大规模太阳能开发利用的投资计划，以增加可再生能源的利用率。

3.4　我国太阳能资源的分布

中国地处北半球欧亚大陆的东部，主要处于温带和亚热带，具有比较丰富的太阳能资源，太阳能利用前景广阔。全国各地太阳年辐射总量达 $3.35\sim8.37\times10^6$ kW/m²，中值为 5.86×10^6 kW/m²，据估算，我国陆地表面每年接受的太阳辐射能约为 5×10^{19} kW。从全国太阳年辐射总量的分布来看，西部的年总辐射量高于东部，北部高于南部，高原高于平原，我国太阳能资源储量分布如图3.13所示。

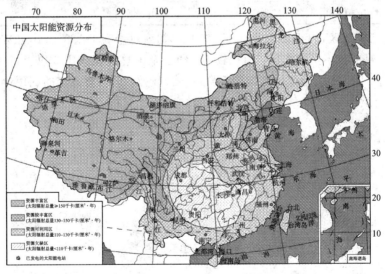

图 3.13　我国太阳能储量分布图

西藏、青海、新疆、内蒙古南部、山西、陕西北部、河北、山东、辽宁、吉林西部、云南中部和西南部、广东东南部、福建东南部、海南岛东部和西部以及中国台湾的西南部等广大地区的太阳辐射总量很大。尤其是青藏高原地区最大，那里平均海拔高度在 4000 m 以上，大气层薄而清洁，透明度好，纬度低，日照时间长。例如，被人们称为"日光城"的拉萨市，1961 年至 1970 年的年平均日照时间为 3005.7 h，相对日照为 68%，年平均晴天为 108.5 天，阴天为 98.8 天，年平均云量为 4.8，太阳总辐射为 8.16×10^6 kW/m²，比全国其他省区和同纬度的地区都高。全国以四川和贵州两省的太阳年辐射总量最小，其中尤以四川盆地为最，那里雨多、雾多、晴天较少。例如，素有"雾都"之称的成都市，年平均日照时数仅为 1152.2 h，相对日照为 26%，年平均晴天为 24.7 天，阴天达 244.6 天，年平均云量高达 8.4。其他地区的太阳年辐射总量居中。按接受太阳能辐射量的大小，全国大致上可分为五类地区。我国太阳能资源储量区划如表 3.2 所示。

表 3.2　我国太阳能资源的区划

类别	全年日照时数	太阳辐射年总量 （$\times 10^6$ kW/m²）	主要地区
一	3200～3300	6.7～8.4	宁夏北部、甘肃北部、新疆南部、青海西部、西藏西部
二	3000～3200	5.9～6.7	河北西北部、山西北部、内蒙古、宁夏南部、甘肃中部、青海东部、西藏东南部
三	2200～3000	5.0～5.9	山东、河南、河北东南部、山西南部、新疆北部、吉林、辽宁、云南、陕西北部、甘肃东南部、广东南部、海南、福建南部、江苏北部、安徽北部
四	1400～2200	4.2～5.0	湖南、湖北、广西、江西、浙江、福建北部、广东北部、陕西南部、江苏南部、安徽南部、黑龙江
五	1000～1400	3.4～4.2	四川、贵州

一、二、三类地区，年日照时数大于 2000 h，辐射总量高于 5.86×10^6 kW/m²，是我国太阳能资源丰富或较丰富的地区，面积较大，约占全国总面积的 2/3 以上，具有利用太阳能的良好条件。四、五类地区虽然太阳能资源条件较差，但仍有一定的利用价值。

第 4 章 太阳能光热转换技术

太阳能光热转换是将太阳辐射能转换成热能加以利用的技术。其系统由光热转换和热能利用两部分组成，前者为各种形式的太阳集热器，后者是根据不同使用要求而设计的各种用热装置。

光热利用种类繁多，可按其使用温度的高低划分为低温（200℃以下）、中温（200～500℃）和高温（500℃以上）三大类。目前以 200℃ 以下的低温热利用发展最快，应用面最广，并已形成一定规模产业。

4.1 太阳集热器

在太阳能的热利用中，关键是将太阳的辐射能转换为热能。太阳能集热器就是完成这一功能的装置，其作用是吸收太阳辐射并将产生的热能传递到传热介质。

效率比较高的集热器由收集和吸收装置组成。阳光由不同波长的可见光和不可见光组成，不同物质和不同颜色对不同波长的光的吸收和反射能力是不一样的。黑颜色吸收阳光的能力最强，白色反射阳光的能力最强，因此利用黑颜色可以聚热。让平行的阳光通过聚焦透镜或聚焦反射镜聚集在一点、一条线或一个小的面积上，也可以达到集热的目的。

太阳能集热器虽然不是直接面向消费者的终端产品，但是太阳能集热器是组成各种太阳能热利用系统的关键部件。无论是太阳能热水器、太阳灶、太阳能干燥还是太阳能工业加热、太阳能热发电等都离不开太阳能集热器，都是以太阳能集热器作为系统的动力或者核心部件的。

4.1.1 集热器的分类

太阳能集热器的种类较为繁杂，可以根据不同的划分原则分为以下几类：

（1）按集热器的传热工作介质类型可分为：液体集热器、空气集热器。

（2）按进入采光口的太阳辐射是否改变方向可分为：聚光型集热器、非聚光型集热器。

（3）按集热器是否跟踪太阳可分为：跟踪集热器、非跟踪集热器。

（4）按集热器内是否有真空空间可分为：平板型集热器、真空管集热器。

（5）按集热器的工作温度范围可分为：低温集热器、中温集热器、高温集热器。

（6）按集热板使用材料可分为：纯铜集热板、铜铝复合集热板、纯铝集热板。

4.1.2 平板太阳能集热器

1. 平板太阳能集热器的工作原理与特点

平板太阳能集热器是一种吸收太阳辐射能量并向工作介质传递热量的装置。当平板型太阳能集热器工作时，太阳辐射穿过透明盖板后，投射在吸热板上，被吸热板吸收并转化成热能，然后传递给吸热板内的传热工作介质，使传热工作介质的温度升高，作为集热器的有用能量输出；与此同时，温度升高后的吸热板不可避免地要通过传导、对流和辐射等方式向四周散热，称为集热器的热量损失。

平板太阳能集热器具有结构简单，运行可靠，成本低廉，热流密度较低（即工作介质的温度较低），安全可靠，吸热面积大等特点。

2. 平板太阳能集热器的基本结构

平板太阳能集热器主要由吸热板、吸热板涂层、透明盖板、隔热层和外壳等几部分组成，其结构如图 4.1 所示。

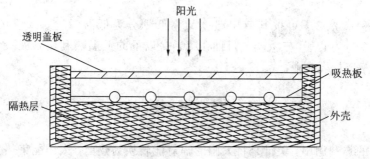

图 4.1　平板太阳能集热器结构示意图

3. 吸热板

吸热板是平板太阳能集热器内吸收太阳辐射能并向传热工作介质传递热量的部件，其基本上是平板形状。在平板形状的吸热板上，通常都布置有排管和集管。排管是指吸热板纵向排列并构成流体通道的部件；集管是指吸热板上下两端横向连接若干根排管并构成流体通道的部件。

1）平板太阳能集热器吸热板所用材料

吸热板的材料种类很多，有铜、铝合金、铜铝合金、不锈钢、镀锌钢、塑料、橡胶等。对吸热板材料性能要求是延展性、耐蚀性、热传导性、焊接性、抽拉加工性的都表现得比较优秀。

2）吸热板结构分类

（1）管板式吸热板。管板式吸热板是将排管与平板以一定的结合方式连接构成吸热条带（如图 4.2 所示），然后再与上下集管焊接成平板太阳能集热器吸热板。这是目前国内外使用比较普遍的吸热板结构类型。

图 4.2　管板式吸热板

（2）翼管式吸热板。翼管式吸热板是利用模子挤压拉伸工艺制成金属管两侧连有翼片的吸热条带（如图 4.3 所示），然后再与上下集管焊接成吸热板。平板太阳能集热器吸热板材料一般采用铝合金。

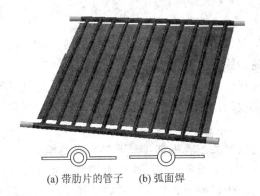

(a) 带肋片的管子　　　(b) 弧面焊

图 4.3　翼管式吸热板

翼管式吸热板的优点包括：热效率高，管子和平板是一体，无结合热阻；耐压能力强，铝合金管可以承受较高的压力。

翼管式吸热板的缺点包括：水质不易保证，铝合金会被腐蚀；材料用量大，工艺要求管壁和翼片都有较大的厚度；动态特性差，吸热板有较大的热容量。

（3）蛇管式吸热板：蛇管式吸热板是将金属管弯曲成蛇形（如图 4.4 所示），然后再与平板焊接构成吸热板。这种结构类型在国外使用较多。吸热板材料一般采用铜，焊接工艺可采用高频焊接或超声焊接。

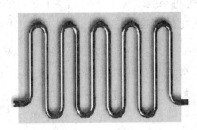

图 4.4　蛇管式吸热板

蛇管式吸热板的优点包括：不需要另外焊接集管，减少泄漏的可能性；热效率平板太阳能集热器蛇管式吸热板高，无结合热阻；水质清洁，铜管不会被腐蚀；保证质量，整个生产过程实现机械化；耐压能力强，铜管可以承受较高的压力。

蛇管式吸热板的缺点包括：流动阻力大，流体通道不是并联而是串联；焊接难度大，焊缝不是直线而是曲线。

（4）扁盒式吸热板。扁盒式吸热板是将两块金属板分别模压成型，然后再焊接成一体构成吸热板，其剖面如图 4.5 所示。吸热板材料可采用不锈钢、铝合金、镀锌钢等。通常，流体通道之间采用点焊工艺，平板太阳能集热器扁盒式吸热板四周采用滚焊工艺。

图 4.5　扁盒式吸热板剖面图

平板太阳能集热器扁盒式吸热板的优点包括：热效率高，管子和平板是一体，无结合热阻；不需要焊接集管，流体通道和集管采用一次模压成型。

扁盒式吸热板的缺点包括：焊接工艺难度大，容易出现焊接穿透或者焊接不牢的问题；耐压能力差，焊点不能承受较高的压力；动态特性差，流体通道的横截面大，吸热板有较大的热容量；有时水质不易保证，铝合金和镀锌钢都会被腐蚀。

4. 涂层

为了使平板太阳能集热器吸热板可以最大限度地吸收太阳辐射能并将其转换成热能，在吸热板上应覆盖有深色的涂层，称为太阳能吸收涂层。

吸收涂层可分为非选择性吸收涂层和选择性吸收涂层。非选择性吸收涂层是指其光学特性与辐射波长无关的吸收涂层；选择性吸收涂层则是指其光学特性随辐射波长不同有显著变化的吸收涂层。

吸热板的涂层材料对吸收太阳辐射能量起非常重要的作用。因为太阳辐射的波长主要集中在 $0.3\sim2.5~\mu m$ 的范围内，而吸热板的热辐射则主要集中在 $2\sim20~\mu m$ 的波长范围内，要增强吸热板对太阳辐射的吸收能力，又要减小热损失，降低吸热板的热辐射，就需要采用选择性涂层。选择性涂层是对太阳短波辐射具有较高吸收率，而对长波热辐射发射率却较低的一种涂层，目前国内外的生产厂家大多采用磁控溅射的方法制作选择性涂层，可达到吸收率 $0.93\sim0.95$，发射率 $0.12\sim0.04$，大大提高了产品热性能。

选择性吸收涂层可以用多种方法来制备，如喷涂方法、化学方法、电化学方法、真空蒸发方法、磁控溅射方法等。采用这些方法制备的选择性吸收涂层，绝大多数的太阳吸收比都可达到 0.90 以上，但是它们可达到的发射率范围却有明显的区别。从发射率的性能角度出发，上述各种方法优劣的排列顺序应是：磁控溅射方法、真空蒸发方法、电化学方法、化学方法、喷涂方法。当然，每种方法的发射率值都有一定的范围，某种涂层的实际发射率值取决于制备该涂层工艺优化的程度。

5. 透明盖板

透明盖板是平板集热器中覆盖吸热板，并由透明（或半透明）材料组成的板状部件。它的功能主要有三个：一是透过太阳辐射，使其投射在吸热板上；二是保护吸热板，使其不受灰尘及雨雪的侵蚀；三是形成温室效应，阻止吸热板在温度升高后通过对流和辐射向周围环境散热。

平板太阳能集热器透明盖板的层数取决于平板太阳能集热器的工作温度及使用地区的气候条件。绝大多数情况下，平板太阳能集热器都采用单层透明盖板，当平板太阳能集热器的工作温度较高或者在气温较低的地区使用，譬如在中国南方进行太阳能空调或者在中国北方进行太阳能采暖，平板太阳能集热器宜采用双层透明盖板。一般情况下，很少采用 3 层或 3 层以上透明盖板，因为随着层数增多，虽然可以进一步减少集热器的对流和辐射热损失，但同时会大幅度降低实际有效的太阳透射比。

对于平板太阳能集热器透明盖板与吸热板之间的距离，国内外文献提出过各种不同的数值，有的还根据平板夹层内空气自然对流换热机理提出了最佳间距。但有一点结论是共同的，即透明盖板与平板太阳能集热器吸热板之间的距离应大于 $20~mm$。

用于透明盖板的材料主要有平板玻璃和玻璃钢板两类。平板太阳能集热器玻璃钢板（即玻璃纤维增强塑料板）具有太阳透射比高、导热系数小、冲击强度高等特点，但它的红外透射比也比平板玻璃高得多，同时使用寿命也远短于平板玻璃，目前国内外使用更广泛的还是平板玻璃。

6. 隔热层

隔热层的厚度应根据选用的材料种类、集热器的工作温度、使用地区的气候条件等因素来确定。隔热层的厚度应当遵循这样一条原则：材料的导热系数越大、平板太阳能集热器的工作温度越高、使用地区的气温越低则隔热层的厚度就要求越大。一般来说，底部隔热层的厚度选用 30～50 mm，侧面隔热层的厚度与之大致相同。

用于隔热层的材料有岩棉、玻璃棉、聚氨酯、聚苯乙烯等，目前使用较多的是玻璃棉。虽然聚苯乙烯的导热系数很小，但在温度高于 70℃时就会变形收缩，影响它在集热器中的隔热效果。玻璃棉是将熔融玻璃纤维化，形成棉状的材料，化学成分属玻璃类，是一种无机质纤维，具有成型好、体积密度小、热导率低、保温绝热、吸音性能好、耐腐蚀、化学性能稳定等特点。

7. 外壳

外壳是集热器中保护及固定吸热板、透明盖板和隔热层的部件。

根据平板太阳能集热器外壳的功能，要求平板太阳能集热器外壳有一定的强度和刚度，有较好的密封性及耐腐蚀性，而且有美观的外形。用于外壳的材料有铝合金、不锈钢板、碳钢板、塑料、玻璃钢等。为了提高平板太阳能集热器外壳的密封性，有的产品已采用碳钢板一次模压成型工艺。目前平板集热器外壳（边框）应用最多的材料是铝合金和碳钢板一次模压成型。

4.1.3　真空管型太阳能集热器

真空管集热器就是将吸热体与透明盖层之间的空间抽成真空的太阳能集热器。若干支真空太阳能集热管按照一定规则排成阵列与联集管、尾架和反射器等组装成太阳能集热器；与循环管路、储水箱等组件组成分体式太阳能热水系统。图 4.6 是真空管型太阳能集热器结构示意图。

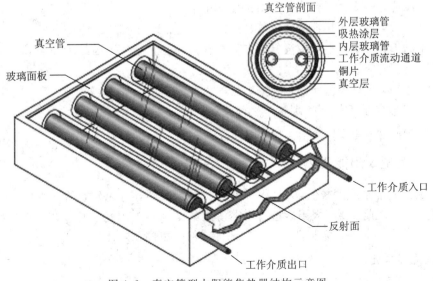

图 4.6　真空管型太阳能集热器结构示意图

1. 真空管型太阳能集热器的类型

（1）真空管型太阳能集热器按排列方式可以分为：竖单排（真空管太阳能热管竖直排列）、横单排（真空管太阳能热管水平排列）和横双排三类。

（2）按集热器的工作温度范围可分为：低温真空管集热器、中温真空管集热器、高温真空管集热器。一般生活用热水器均为低温范围，中高温集热器一般使用于工业领域，如工业太阳能锅炉系统。

（3）真空管按吸热体材料种类，可分为两类：一类是玻璃吸热体真空管（或称为全玻璃真空管），一类是金属吸热体真空管（或称为玻璃－金属真空管）。

2. 热管式真空管

热管式真空管是金属吸热体真空管的一种，是我国自主开发成功的一种金属吸热体真空管。热管式真空管综合应用了真空技术、热管技术、玻璃—金属封接技术和磁控溅射涂层技术，不仅使太阳能集热器能够全年运行，而且提高了工作温度、承压能力和系统可靠性，使太阳能热利用进入中高温领域。

热管式真空管由热管、吸热体、玻璃管和金属端盖等主要部件组成，结构如图 4.7 所示。热管式真空管采用玻璃与金属封接技术，使管内不走水，并处于完全真空状态，依靠管内的铜铝复合条带与热水器的水箱相连接，从而达到热能传导的目的。

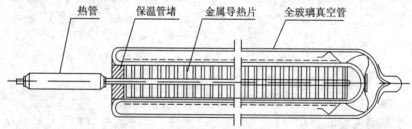

图 4.7　热管式真空管结构示意图

热管式真空管与其他类型的太阳能集热器相比，具有以下优点：

（1）耐冰冻，即使在－50℃的严寒条件下也不会冻裂。

（2）启动快，热管的热容量大，在阳光下几分钟后即可输出热量。

（3）不结垢，由于真空管内没有液态传热介质，因此避免了因结垢而引起的通道堵塞问题。

（4）承压高，耐热冲击性好，由于集热器内的真空管与集热器间是"干性连接"，因而系统压力或温度发生改变时对真空管影响不大。

（5）安装简便，运行可靠，维修方便。

4.1.4　聚光型太阳能集热器

由于太阳光能量密度较低，不论是平板式太阳能集热器还是真空管式太阳能集热器都无法产生高温，因此，要对太阳能进行高温使用就必须对太阳光进行聚焦。聚光型太阳能集热器由聚光光学元件、接受器和热交换部件三部分组成。

1. 聚光光学元件

聚光比是聚光光学元件的重要参数，是指使用光学系来聚集辐射能时，每单位面积被聚集的辐射能量密度与其入射能量密度的比。

（1）光学聚光比：接受器上某一点处的能流密度与集热器采光面投影热流密度的比值，或称接受器上的辐射强度与采光面上的辐射强度的比。

（2）几何聚光比：聚光型集热器净采光面积与接受器面积之比，或称采光面积与接受器的面积比。

（3）通量聚光比：入射在聚光型集热器接受器面积与净采光面积上的太阳辐射能通量之比。

由于接受器上的能量来自太阳，其最高温度不可能超过 6000 K，因此，无法使聚光比无限大。对太阳跟踪的塔式聚热发电的聚光比一般为 20 000～35 000，其他太阳聚热发电时的聚光比值为数百至数千。

聚光光学元件主要分为反射型和透射型两种。反射型聚光镜的聚焦形式分为线聚焦、点聚焦和多反射面聚焦 3 种类型，而透射型聚光镜大多为点聚焦，其中多反射面聚焦最初应用于太阳灶的反射镜，现在主要用于大规模聚光太阳能利用系统中。

1）旋转抛物面聚光镜

旋转抛物面的聚光原理是当平行光沿主轴射向抛物面，经过抛物面的反射光线将集中到固定点的位置，于是形成聚光，或叫"聚焦"作用，如图 4.8 所示。旋转抛物面聚光镜是按照阳光从主轴线方向入射，所以往往在通过焦点上的接受器时会留下一个阴影，这就减少阳光的反射，直接影响太阳能的功率。

2）菲涅尔透镜

菲涅尔透镜（Fresnel lens），又名螺纹透镜，多是由聚烯烃材料注压而成的薄片，也有玻璃制作的，镜片表面一面为光面，另一面刻录了由小到大的同心圆，它的纹理是根据光的干涉及绕射以及相对灵敏度和接收角度要求来设计的，其工作原理如图 4.9 所示。菲涅尔透镜的特性为面积大、厚度薄（多在 1 mm 左右）、聚焦精度高、轻便。但其缺点是造价较高，技术要求精度高。

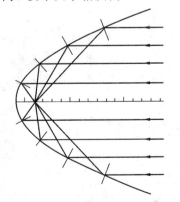

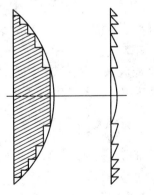
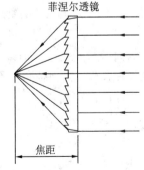

图 4.8　旋转抛物面的聚光原理示意图　　　　　图 4.9　菲涅尔透镜聚光原理示意图

2. 接受器

接受器的作用是接受聚焦后的高强度太阳光的照射，将太阳光的能量转化为热能，并传递给热传导介质。在设计接受器时，除要保证体积小，换热效率高以外，还要求接受器具有较好的耐高温性能和较小的表面反射率（对可见光和红外线的反射率）。

4.2　常见太阳能热利用技术

4.2.1　太阳能灶

太阳灶利用太阳的辐射，直接把太阳的辐射能转换成供人们炊事使用的热能。太阳灶种类繁多，按原理结构分类，可分为闷晒式（箱式）、聚光式和热管式三种。

1）闷晒式太阳灶

闷晒式太阳灶又称为箱式太阳灶，因为它的形状是一个箱体。它的工作方式是置于太阳光下长时间地闷晒，缓慢地积蓄热量。箱内温度一般可达120～150℃，适合于闪蒸食品或作为医疗器具消毒用。

2）聚光式太阳灶

聚光式太阳灶是将较大面积的阳光进行聚焦，使焦点温度达到较高的程度，以满足炊事要求。太阳灶使用时要求在锅底形成一个焦面，即并不要求将阳光聚集到一个点上，这样才能达到加热的目的。图4.10是太阳能灶的结构图。

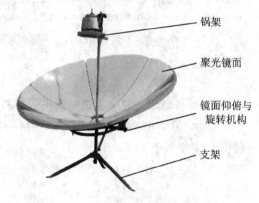

锅架

聚光镜面

镜面仰俯与
旋转机构

支架

图4.10　太阳能灶结构图

聚光式太阳灶的关键部件是聚光镜，聚光镜安装在支架上的镜面仰俯与旋转机构上，可以根据需要对镜面的仰角和朝向进行调整，在对镜面的位置进行调整的同时要保证聚光镜焦面必须始终落在锅架对应区域。聚光式太阳灶的架体用金属管材弯制，锅架高度应适中以便操作，镜面仰角可灵活调节。为了移动方便，也可在架底安装两个小轮，但必须保证灶体的稳定性。

3）热管式太阳灶

热管式太阳灶分为两个部分：一是室外收集太阳能的集热器，即自动跟踪的聚光式太阳灶；二是热管。

热管是一种高效传热元件，它利用管体的特殊构造和传热介质蒸发与凝结作用，把热量从管的一端传到另一端。热管式太阳灶是将热管的受热段（沸腾段）置于聚光太阳灶的焦点处，而把放热段（凝结段）置于散热处或蓄热器中。于是，太阳热就从户外引入室内，使用较为方便。也有的将蓄热器置于地下，利用大地作绝热保温器，其中填以硝酸钠、硝酸钾和亚硝酸钠的混合物作为蓄热材料。当热管传出的热量融化了这些盐类，盐溶液就把蛇形管内的载热介质加热，载热介质流经炉盘时放热，炉盘受热即可作炊事用。

4.2.2　太阳能热水系统

太阳能热水系统是将太阳辐射能收集起来，通过与物质的相互作用转换成热能供生产和生活利用，与普通太阳能热水器的区别在于太阳能热水系统有控制中心，而普通太阳能热水器基本没有电气控制。随着太阳能热水系统关键技术的不断突破，太阳能热水系统已广泛运用于家庭、厂矿、宾馆、学校、部队和医院等供淋浴、洗漱及其他需用热水的场所。太阳能热水系统基本运行原理如图 4.11 所示。

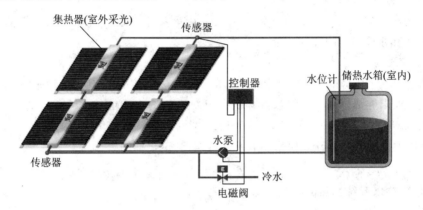

图 4.11　太阳能热水系统运行原理图

1. 太阳能热水系统的组成

太阳能热水系统由集热器、保温水箱、链接水管、控制中心、热交换器等部分组成。

1）集热器

集热器是系统中的集热元件，其功能相当于电热水器中的电加热管。与电热水器、燃气热水器不同的是，太阳能集热器利用的是太阳的辐射热量，故而加热时间只能在有太阳照射的白昼，所以有时需要辅助加热，如锅炉、电加热等。

2）保温水箱

与电热水器的保温水箱一样，是储存热水的容器。因为太阳能热水器只能白天工作，而人们一般在晚上才使用热水，所以必须通过保温水箱把集热器在白天产出的热水储存起来。其容积是每天晚上用热水量的总和。采用搪瓷内胆承压保温水箱，保温效果好，耐腐蚀，水质清洁，使用寿命长。

3）连接管路

连接管路是将热水从集热器输送到保温水箱；将冷水从保温水箱输送到集热器的通道，使整套系统形成一个闭合的环路。设计合理、连接正确的循环管道对太阳能系统是否能达到最佳工作状态至关重要。热水管道必须做保温防冻处理。管道必须有很高的质量，保证有较长的使用寿命。

4）控制中心

太阳能热水系统与普通太阳能热水器的区别就在于控制中心。作为一个系统，控制中心负责整个系统的监控、运行、调节等功能。太阳能热水系统控制中心主要由控制器、控制程序、变电箱以及循环泵组成。现在可以通过互联网远程控制系统的运行。

5）热交换器

在双回路的强制循环系统中，换热器既可以是置于储水箱内的浸没式换热器，也可以是置于储水箱外的板式换热器。板式换热器与浸没式换热器相比，有许多优点：其一，板式换热器的换热面积大，传热温差小，对系统效率影响少；其二，板式换热器设置在系统管路之中，灵活性较大，便于系统设计布置；其三，板式换热器已商品化、标准化，质量容易保证，可靠性好。

2. 太阳能热水系统的分类

1）按太阳能集热器的类型分类

按太阳能集热器的类型，系统可分为平板太阳能热水系统、真空管太阳能热水系统、U 型管太阳能热水系统、陶瓷太阳能热水系统。

2）按储水箱的容积进行分类

根据用户对热水供应的需求，确定储水箱的容量。按照储水箱的容积，系统可分为两种：

（1）家用太阳能热水系统，储水箱容积小于 600 L 的太阳能热水系统，通常亦称为家用太阳能热水器。

（2）公用太阳能热水系统，储水箱容积大于等于 600 L 的太阳能热水系统，通常亦称为太阳能热水系统。

3. 太阳能热水系统的热储存

在太阳能热水系统中，储水箱用于储存由太阳能集热器产生的热量，有时也称为"储热水箱"。利用液体（特别是水）进行储热，是各种热储存方式中理论和技术都最成熟、推广和应用最普遍的一种。通常希望所用液体除具有较大的比热容之外，还具有较高的沸点和较低的蒸气压，前者是避免发生相变（变为气态），后者则是为减小对储热容器产生的压力。在低温液态蓄热介质中，水是性价比最好的一种蓄热介质，因而也最常使用。

利用水作为蓄热介质时，可以选用不锈钢、搪瓷、塑料、铝合金、铜、铁、钢筋水泥、木材等各种材料制作储热容器，其形状可以是圆柱形、箱形和球形等，但应注意所用材料的防腐蚀性和耐久性。例如，选用水泥和木材作为储热容器材料时，就必须考虑其热膨胀性，以便防止因长久使用产生裂缝而漏水。

4.2.3　太阳能干燥

1. 太阳能干燥的原理

干燥过程是利用热能使固体物料中的水分汽化并扩散到空气中去的过程。物料表面获得热量后，将热量传入其内部，使物料中所含的水分从内部以液态或气态方式进行扩散，逐渐到达物料表面，然后通过物料表面的气膜而扩散到空气中去，使物料中所含的水分逐步减少，最终成为干燥状态。因此，干燥过程实际上是一个传热、传质的过程。

太阳能干燥就是使被干燥的物料，或者直接吸收太阳能并将它转换为热能，或者通过太阳集热器所加热的空气进行对流换热而获得热能，继而再经过以上描述的物料表面与物料内部之间的传热、传质过程，使物料中的水分逐步汽化并扩散到空气中去，最终达到干燥的目的。

物料干燥就是靠汽化来降低物料中的水分。水与干燥介质接触的表面称为自由表面。

由于水分在其自由表面上汽化，就在该表面形成一层处于饱和状态的水蒸气层。如果自由表面水蒸气分压大于干燥介质的水蒸气分压，则水分汽化，逐渐向介质中扩散，这就为干燥过程。增加物料表面与干燥介质的水蒸气分压的差值，就可以加快干燥速度。反之，如果物料表面的水蒸气分压小于干燥介质的水蒸气分压，则将吸收干燥介质中的水分，物料水分增加，变为吸湿（回潮）过程。经过一段时间之后，物料的水蒸气分压与干燥介质的水蒸气分压达到相等状态。此时，两者水分交换达到动态平衡，物料中所含水分即为平衡水分，周围介质的相对湿度称为平衡相对湿度。

因此，在干燥过程中要对干燥介质及时进行排湿，以保证物料自由表面水蒸气分压大于干燥介质的水蒸气分压，进而提高物料干燥速度。

2. 太阳能干燥的特点

一般农副产品和食品的干燥，要求温度水平较低，大约在 40～70℃之间，这正好与太阳能热利用领域中的低温利用相适应，可以大量节省常规能源，经济效益显著，简易的太阳能干燥设备投资少、收效大，普遍受到欢迎。

在工业品和其他物品干燥过程中，降低能源消耗，提高经济效益是使用太阳能干燥的重要原因。

太阳能干燥与常规干燥技术相比较由于充分利用太阳辐射能，因此具有能耗低、干燥物品污染率低等优点；与自然干燥相比较有效地提高了干燥的温度，缩短了干燥时间，并且解决了干燥物品被污染等问题，使产品的质量等级有所提高。

3. 太阳能干燥的类型

太阳能干燥器是将太阳能转换为热能以加热物料并使其最终达到干燥目的的装置。太阳能干燥器的型式很多，它们可以有不同的分类方法。

(1) 按物料接受太阳能的方式进行分类，太阳能干燥器可分为两大类：

① 直接受热式太阳能干燥器，被干燥物料直接吸收太阳能，并由物料自身将太阳能转换为热能的干燥器，通常亦称为辐射式太阳能干燥器。

② 间接受热式太阳能干燥器，首先利用太阳集热器加热空气，再通过热空气与物料的对流换热而使被干燥物料获得热能的干燥器，通常亦称为对流式太阳能干燥器。

(2) 按空气流动的动力类型进行分类，太阳能干燥器也可分为两大类：

① 主动式太阳能干燥器，需要由外加动力（风机）驱动运行的太阳能干燥器。

② 被动式太阳能干燥器，不需要由外加动力（风机）驱动运行的太阳能干燥器。

(3) 按干燥器的结构型式及运行方式进行分类，太阳能干燥器有以下几种形式：

① 太阳能温室型干燥器；

② 集热器型太阳能干燥器；

③ 集热器—太阳能温室型干燥器；

④ 整体式太阳能干燥器；

⑤ 其他型式的太阳能干燥器。

4. 温室型太阳能干燥系统

这类干燥温室与普通太阳能温室在结构原理上基本相似，只是要求不断排湿，并对保温要求更高一些。图 4.12 是温室型太阳能淤泥干燥系统。

图 4.12　温室型太阳能淤泥干燥系统

　　温室型太阳能干燥器适用于物料低温干燥，又允许直接接受阳光曝晒的场合。被干燥物料能直接吸收阳光，加速自身水分汽化，因而热利用效率较高。

　　温室型太阳能干燥的过程：太阳光透过玻璃盖层直接照射在温室内的物料上，物料吸收太阳能后被加热，同时部分阳光被温室内壁所吸收，室内温度逐渐上升，从而进一步提高物料水分蒸发。同时温室通过进排气孔，使新鲜空气进入室内，湿空气排出，形成不断循环，使被干燥物料水分不断蒸发，得到干燥。为减少温室顶部的热损失，可在顶玻璃盖层下增加一层或两层透明塑膜，利用层间空气层提高保温性能。

　　温室型太阳能干燥系统在干燥过程中依靠空气温度的变化，引起的定向流动空气流，带走汽化水分，无需外加动力，故又称被动式太阳能干燥器。温室型干燥器结构简单、建造容易、造价较低，可因地制宜、综合利用，因而在国内外有较为广泛的应用。

5. 集热器型太阳能干燥系统

　　集热器型太阳能干燥系统将集热器与干燥室分开。集热器多采用平板型空气集热器。首先由集热器将空气加热到较高的温度，然后通过风机输入到干燥室中，干热空气以一定方式流过被干燥物料后温度下降、湿度升高成为冷湿空气，冷湿空气经过排湿后，再次进入到集热器中进行加温，从而完成一个干燥循环。图 4.13 是集热器型太阳能干燥系统原理图。

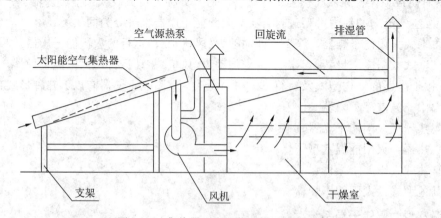

图 4.13　集热器型太阳能干燥系统原理图

　　由于集热器将把空气加热的温度较高，因此集热器型太阳能干燥系统干燥速度比温室型高，而且独立的干燥室，又可以加强保温并保证物料不直接受到阳光曝晒。所以，集热器型太阳能干燥系统可以在更大的范围内满足不同物料的干燥工艺要求。

提高空气流速，强化传热，以降低吸热板的温度，是提高集热器效率的重要途径，但是在集热器的结构和连接方式上，应同时注意降低空气的流动阻力，以减少动力消耗。为了弥补日照的间歇性和不稳定性等缺陷，大型干燥系统常另设蓄热设备，以提高太阳能利用的程度，并用常规能源作为辅助供热设备，以保证物料得以连续地进行干燥。

集热器型太阳能干燥系统具有以下特点：

（1）空气热量在干燥过程中利用比较充分，因此干燥效率比较高。

（2）尾气回收使工作介质空气温度、湿含量增加的同时，空气循环量增加。较高的气流速度不但可以补偿由于空气湿度增加造成的干燥过程速度下降，而且保证干燥物料的质量。

（3）这种干燥系统可使干燥作业在空气相对湿度范围变化不大的情况下进行，而且干燥过程气温变化不大，干燥速度比较均匀。

（4）必须依靠动力设备才能保证尾气回收的正常进行。

6. 集热器—温室型太阳能干燥系统

集热器—温室型太阳能干燥系统是由太阳能空气集热器和温室组合而成的一种干燥系统。与集热器型太阳能干燥系统相比较，由于用可以直接吸收太阳能的温室代替了不能直接吸收太阳能的干燥室，因此集热器—温室型太阳能干燥系统有更高的干燥效率。

集热器—温室型太阳能干燥系统在使用过程中，一方面温室内的待干燥物料直接吸收太阳能的辐射，使物料的温度提高，另一方面用太阳能空气集热器加热温室内空气的温度，从而使物料干燥过程加速。

集热器—温室型太阳能干燥系统的特点主要有以下几点：

（1）空气热量在干燥过程中利用比较充分，因此干燥效率比较高；

（2）尾气回收使工作介质空气温含量增加的同时，空气循环量增加，较高的气流速度，不但可以补偿由于干燥推动力减少即造成的干燥过程速度下降，而且使干燥物料的质量得以保证；

（3）必须依靠动力设备才能保证尾气回收的正常进行；

（4）这种干燥系统可使干燥作业在空气相对湿度范围变化不大的情况下进行，而且干燥过程气温变化不大，干燥速度比较均匀，因此特别适合那些只能在湿空气下进行干燥的作业，如农产品、食品、橡胶、皮革的干燥等；

（5）太阳能干燥系统的设计与普通种植温室结构原理相同，白天应尽可能多的收太阳能，使室温升高，有利于干燥作业的进行。但对温室保温性能要求更高，在不断排湿的同时，能保持较高的温度，以适应不同物料干燥的要求。

4.3　聚光太阳能热发电

4.3.1　聚光太阳能热发电的基本原理与类型

利用太阳热能发电目前已成为全球风险投资的一个重点领域，其原理是通过聚光装置把太阳光线聚集在接受器（装有某种流体的管道或容器）上，借助太阳热能，流体被加热到一定温度，产生蒸汽然后驱动涡轮机发电，将热能转化为电能。这种发电方式被人们称为太阳能热发电，通常叫做聚光式太阳能发电。

当前太阳能热发电按照太阳能采集方式可分为三类：太阳能槽式热发电；太阳能塔式热发电；太阳能碟式热发电。

槽式系统是利用抛物柱面槽式反射镜将阳光聚焦到管状的接受器上，并将管内的传热工作介质加热产生蒸汽，推动常规汽轮机发电；塔式系统是利用众多的定日镜，将太阳热辐射反射到置于高塔顶部的高温集热器(太阳锅炉)上，加热工作介质产生过热蒸汽，或直接加热集热器中的水产生过热蒸汽，驱动汽轮机发电机组发电；碟式系统利用曲面聚光反射镜，将入射阳光聚集在焦点处，在焦点处直接放置斯特林发动机发电。这三种太阳能热发电技术都有其自身的特点、优势和缺点，其中一些列在表 4.1 中。

表 4.1　三种聚光式太阳能电站的发展状况及其优缺点

	槽　式	塔　式	碟　式
发展状况	中、高温过程热，联网发电运运行，总的装机容量为 354 MW	高温过程热，联网运行	独立的小型发电系统构成大型的联网电站
优点	(1) 具有商业运行的经验，潜在的运行温度可达 500℃ (2) 商业化的年净效率 14% (3) 最低的材料要求 (4) 可以模块化或联合运行可以采用蓄热降低成本	(1) 从中期来看具有高的转化效率和潜在的运行温度超过 1000℃ (2) 可高温蓄热 (3) 可联合运行	(1) 非常高的转化效率，峰值效率 30% (2) 可模块化或联合运行 (3) 处于实验示范阶段
缺点	导热油传热工作介质的使用限制了运行温度只能达到 400℃，只能停留在中温阶段	处于实验示范阶段，商业化的投资和运行成本需要证实	商业化的可行性需要证实。大规模生产的预计成本目标需要证实

在这三种系统中，2013 年只有槽式发电系统实现了商业化。从 1981 年至 1991 年的 10 年间，相继在美国加州的沙漠建成了 9 座太阳能槽式热发电站，总装机容量353.8 MW(最小的一座装机 14 MW，最大的一座装机 80 MW)，总投资额 10 亿美元，年发电总量为 8 亿 kW·h。太阳能热发电技术同其他太阳能技术一样，在不断完善和发展，但其商业化程度还未达到热水器和光伏发电的水平。太阳能热发电正处在商业化前夕，专家预计 2020 年前，太阳能热发电将在发达国家实现商业化，并逐步向发展中国家扩展。

4.3.2　聚光太阳能热发电的特点

由于太阳能热发电需要充足的太阳直接辐射才能保持一定的发电能力，因此沙漠是最理想的建厂选址地区。与传统的电厂相比，太阳能热电厂具有两大优势：整个发电过程清洁，没有任何碳排放；利用的是太阳能，无需任何燃料成本。

太阳能热发电还有一大特色，那就是其热能储存成本要比电池储存电能的成本低得多。举例来说，一个普通的保温瓶和一台笔记本电脑的电池所存储的能量相当，但显然电池的成本要高得多。能够将太阳热能储存，就意味着太阳能热电站可以克服传统光伏电站发电可能中断的弊端。

然而，价格成为影响太阳能热发电推广的最大障碍。例如，在美国西南部，考虑联邦税收优惠之后，太阳能热电厂的电价约合每度 13 美分到 17 美分。美国能源部已经设定目标，力图到 2015 年把太阳能热发电的电价降到每度 7 美分到 10 美分，到 2020 年进一步降到每度 5 美分到 7 美分，以使太阳能热发电可以与煤电等传统发电方式相竞争。

4.3.3　太阳能槽式热发电

太阳能槽式热发电系统全称为槽式抛物面反射镜太阳能热发电系统，是将多个槽型抛物面聚光集热器经过串并联的排列，聚焦太阳直射光，加热真空集热管里面的工质，产生高温，再通过换热设备加热水产生高温高压的蒸汽，驱动汽轮机发电机组发电。图 4.14 是太阳能槽式热发电站的全貌。

图 4.14　槽式热发电站全貌

图 4.15 是太阳能槽式热发电站的局部。

槽式抛物面太阳能发电站的功率从 10 MW 至 1000 MW，是目前所有太阳能热发电站中功率最大的。一些国家已经建立起示范装置，对槽式发电技术进行深入的研究。美国上世纪已经建成 354 MW 的电站，2007 年建成 64 MW 的 Solar One 电站；西班牙已经建成 200 MW 电站，分别是 AndaSol 1(50 MW)电站、AndaSol 2(50 MW)电站、Energia Solar De Puertollano(50 MW)电站和 Alvarado 1 (50 MW)电站。

图 4.15　槽式热发电站局部

1. 太阳能槽式热发电系统组成

太阳能槽式热发电系统包括以下五个子系统：

（1）聚光集热子系统——聚光集热子系统是系统的核心，由聚光镜、接受器和跟踪装置构成。接受器主要有真空管式和腔式两种；跟踪方式采用一维跟踪。

（2）换热子系统——换热子系统由预热器、蒸汽发生器、过热器和再热器组成。当系统工质为油时，采用双回路，即接受器中工质油被加热后，进入换热子系统中产生蒸汽，蒸汽进入发电子系统发电。直接采用水为工质时，可简化此子系统。

（3）发电子系统——发电子系统基本组成与常规发电设备类似，但需要配备一种专用装置，用于工作流体在接受器与辅助能源系统之间的切换。

（4）蓄热子系统——太阳能热发电系统在早晚或云遮间隙必须依靠储存的能量维持系统正常运行。蓄热的方法主要有显式、潜式和化学蓄热三种方式。

（5）辅助能源子系统——在夜间或阴雨天，一般采用辅助能源系统供热，否则蓄热系统过大会引起初始投资的增加。

2. 世界太阳能槽式热发电技术现状

槽式太阳能发电技术的研究早在 19 世纪 60 年代就开始了，但受到重视是在 1977 年发生石油危机以后。石油危机期间，美国能源部和联邦德国研究和技术部都在资助有关槽式抛物面太阳能集热器的研究。国际能源机构的 9 个成员国共同参与了一项总功率为 500 kW 的示范试验，该项目于 1981 年投入运营。

1991 年美国加利福尼亚的槽式抛物面太阳能热发电站的运营成功，促进了拥有丰富太阳辐射国家太阳能热利用计划的开展。1998 年以来，由欧盟支持的 DISS（Direct Solar Steam）计划和 Euro Trough 计划，以及西班牙和摩洛哥研究计划，启动了欧洲槽式抛物面太阳能技术的发展。2000 年德国联邦议会决定，为太阳能发电实施一项 3 年投资计划，计划资金的三分之二用于槽式抛物面太阳能热发电项目。表 4.2 为世界太阳能槽式热发电站列表。

表 4.2　世界太阳能槽式热发电站列表

名　　称	地　　点	发电功率/MW	运行模式
Coolidge	美国	0.15	太阳能
Sunshine	日本	1	太阳能
IEA—DCS	西班牙	0.5	太阳能
STEP—100	澳大利亚	0.1	太阳能
SEC Ⅰ	美国	14	混合
SEC Ⅱ	美国	30	混合
SEC Ⅲ—Ⅳ	美国	30	混合
SEC Ⅵ—Ⅶ	美国	30	混合
SEC Ⅷ	美国	30	混合
SEC Ⅸ	美国	30	混合

3. 我国太阳能槽式热发电技术现状

20 世纪 70 年代，在太阳能槽式热发电技术方面，中科院和中国科技大学曾做过单元性试验研究。进入 21 世纪，我国在太阳能热发电领域的太阳光方位传感器、自动跟踪系统、槽式抛物面反射镜、槽式太阳能接受器方面取得了突破性进展。目前正着手开展完全拥有自主知识产权的 100 kW 太阳能槽式热发电试验装置。

2010 年 8 月，我国首个太阳能槽式热发电产业项目在湖南沅陵开工建设，该项目主要是制造生产采集器支架、集热管、反射玻璃镜、驱动跟踪装置、控制系统、热交换蒸汽发生装置、蒸汽能发电机组、太阳能蓄能装置等 8 大设备，项目总投资 8.78 亿元，共分 3 期工程。

该项目由北京中航通用公司与中科院工程热物理研究所、华北电力大学合作研发成功，实现了曲面聚光镜从技术到生产的完全国产化，突破了聚光镜片、跟踪驱动装置、线聚焦集热管 3 项核心技术，我国是继美国、德国、以色列之后的全部技术国产化的国家。

2013 年 9 月，甘肃阿克塞 50 兆瓦太阳能槽式热发电项目开工建设。这是我国首个完全商业化槽式光热发电项目，该项目采用熔盐传热储热槽式技术，比光伏技术门槛更高、发电成本更低、环境污染更少。

4. 太阳能槽式热发电前景

随着制造工艺的不断改进，槽式抛物面太阳能热发电站建造费用从 SEGS Ⅰ 的 4500 美元/kW 降低到 SEGS Ⅷ 的 2650 美元/kW，发电成本由 26.3 美分/kW·h 降低到 9～15 美分/kW·h。一份由世界可再生能源实验室发出的报告称：太阳能槽式热发电系统的发电成本到 2020 年将降至 4.3～6.2 美分/kW·h，到时太阳能热发电可与常规矿物能源发电相媲美。

随着热能存储设备的加入，可使槽式发电的效率比最初提高 7%，可使一个 80 MW 的发电站的光电转换效率达到 13.8%。热能存储设备可以存储剩余的热量，保证发电的平稳，同时它也为独立的太阳能发电提供了保障。

4.3.4　太阳能塔式热发电

太阳能塔式热发电是在很大面积的场地上装有大量的大型太阳能定向反射镜（定日镜），每台反射镜都各自配有跟踪机构，准确地将太阳光反射集中到塔顶的接受器（中央热交换器）上。接受器上的聚光倍率可超过 1000 倍，一般可以收集 100 MW 的辐射功率，产生 1100℃ 的高温。接受器把吸收的太阳光能转化成热能，再将热能传给工质，经过蓄热环节，再输入热动力机，带动发电机，最后以电能的形式输出。图 4.16 是塔式太阳能发电站。

图 4.16　塔式太阳能发电站

1. 太阳能塔式热发电系统组成与关键技术

太阳能塔式热发电系统主要由聚光子系统、集热子系统、蓄热子系统、发电子系统等部分组成。

太阳能塔式热发电系统的关键技术有如下 3 个方面：

（1）反射镜及其自动跟踪。由于太阳能塔式热发电方式要求高温、高压，对于太阳光的聚焦必须有较大的聚光比，需用千百面反射镜，并要有合理的布局，使其反射光都能集中到较小的集热器窗口。反射镜的反光率应为 80%～90%，自动跟踪太阳要同步。

（2）接受器。接受器也叫太阳能锅炉。要求体积小，换热效率高。有垂直空腔型、水平空腔型和外部受光型等类型。

（3）蓄热装置。蓄热装置应选用传热和蓄热性能好的材料作为蓄热工质。选用水汽系统有很多优点，因为工业界和使用者都很熟悉，有大量的工业设计和运行经验，附属设备也已商品化。但腐蚀问题有不足之处。对于高温的大容量系统来说，可选用钠做传输工质，它具有优良的导热性能，可在 3000 kW 的热流密度下工作。

2. 太阳能塔式热发电技术现状

1950 年，原苏联设计了世界上第一座太阳能塔式热发电站的小型实验装置，对太阳能热发电技术进行了广泛的、基础性的探索和研究。1952 年，法国国家研究中心在比利牛斯山东部建成一座功率为 1 MW 的太阳炉。1982 年 4 月，美国在加州南部沙漠地区建成一座称为"太阳 1 号"的太阳能塔式热发电系统。该系统的反射镜阵列，由 1818 面反射镜排列组成，接受器塔高达 85.5 米，装机容量 10 MW。1992 年装置经过改装，用于示范熔盐接受器和蓄热装置。以后，又开始建设"太阳 2 号"系统，并于 1996 年并网发电。表 4.3 是世界范围内商业化运行的太阳能塔式热发电站列表。

表 4.3　世界太阳能塔式热发电站列表

名　　称	地　　点	发电功率/MW	运行模式
Eurelios	意大利	1	水/蒸汽
Sunshine	日本	1	水/蒸汽
IEA-DCS	西班牙	0.5	钠
Solar-one	美国	10	水/蒸汽
CESA	西班牙	1.2	水/蒸汽
Themis	法国	2.5	熔盐
MSEE	美国	0.75	熔盐
SES-5	俄国	5	水/蒸汽
PHoUS-TSA	西班牙	2.5	空气
Solar-two	美国	10	熔盐

2012 年 8 月北京延庆八达岭太阳能塔式热发电实验电站全系统贯通，首次太阳能发电实验获得成功，这是我国、也是亚洲首个兆瓦级太阳能塔式热发电站，其系统包括高约 120 米的吸热塔、1 万平方米的定日镜、吸热和储热系统、全场控制和发电等子系统。目前，已实现 1.5 兆瓦的汽轮发电机稳定发电运行。

3. 太阳能塔式热发电技术发展

太阳能塔式热发电技术最初用蒸汽作为系统热载体，它可以直接推动汽轮机发电；但是由于太阳能随气候变化不定，因此蒸汽参数很难控制，而且热量损失大。上世纪 80 年代后期，有人提出采用空气作为热载体；空气的热传导性虽然不好，但它的工作温度范围大、操作简单、无毒性，不仅能和蒸汽驱动的汽轮机相连，还可以直接利用高温空气驱动燃气轮机，效率更高。在这种方案中，聚焦的光线被投射到一种透气材料（例如一种金属丝编织物）上，空气从这种被加热的材料中通过，由于空气和这种集热材料的接触面很大，故传热很快，效率很高，而且可以把空气加热到 700℃ 的高温。

20 世纪 90 年代初，美国发明了熔盐太阳能塔式热发电装置，它改用盐溶液作为热载体并建立了一个 10 MW 实验电站，所用的盐熔体由硝酸钾、硝酸钠和氯化钠的混合物构成，价格低廉、热传导性良好，可以在常压下储存在大型容器里。但是由于熔盐有相对高的凝固点（120℃～140℃），所流经的管路在系统启动时要进行预热。在盐塔式太阳能热利用发电站里，熔盐通过泵从冷盐储存器输送到接受器中加热，温度从 265℃ 升到 565℃，然后送到热盐储存器里，通过热交换产生蒸汽，放热冷却后又重新回到冷盐储存器里。

1996 年至 1999 年间美国建造的两个 10 MW 电站的运行结果表明，这种设备对技术故障的承受能力很差，但都能找到解决的办法。例如，为防止腐蚀，在接受器管路中使用了新材料；又如盐循环系统中使用潜水泵可简化控制系统，减少价格昂贵且容易发生故障的阀门，保证排空系统正常运行，减少故障发生。这两个电站的定日镜由于长期使用和早期制造水平不高，2013 年已出现一系列问题，新型的更大的定日镜正在研制中。美国研制和试验成功的新部件使人们相信，盐太阳能塔式热发电完全可能商业化。

4.3.5 太阳能碟式热发电

太阳能碟式（又称盘式）热发电系统是世界上最早出现的太阳能动力系统，是目前太阳能发电效率最高的太阳能发电系统，最高可达到 29.4%。它的主要特征是采用盘状抛物面聚光集热器，其结构从外形上看类似于大型抛物面雷达天线。由于盘状抛物面镜是一种点聚焦集热器，其聚光比可以高达数百到数千倍，可使传热工作介质加热到 750℃ 左右。图 4.17 是太阳能碟式热发电系统。

图 4.17 太阳能碟式热发电系统

太阳能碟式热发电系统可以独立运行，作为无电边远地区的小型电源，一般功率为

10~25 kW，聚光镜直径约 10~15 m；也可用于较大的用户，把数台、数十台甚至数百台装置并联起来，组成太阳能热发电站。

1. 太阳能碟式热发电原理

太阳能碟式热发电利用的基本原理为：太阳辐射能经过碟式聚光器汇聚后投向集热器，被集热器吸收，转化为热能，并传递给工质，使工质温度升高，形成高温热源，送入热机，热量转化为机械能，推动发电机运转，对外发出电能。热机是太阳能热发电系统的核心部件，其性能指标对整个发电系统的寿命、效率具有至关重要的影响。

现在常使用的热机是斯特林发动机。斯特林发动机是独特的热机，因为它们理论上的效率几乎等于理论最大效率，称为卡诺循环效率。斯特林发动机是通过气体受热膨胀、遇冷压缩而产生动力的。这是一种外燃发动机，使燃料连续地燃烧，蒸发的膨胀氢气（或氦）作为动力气体使活塞运动，膨胀气体在冷气室冷却，反复地进行这样的循环过程。燃料在气缸外的燃烧室内连续燃烧，通过加热器传给工质，工质不直接参与燃烧，也不更换。

将太阳光聚焦在斯特林发动机的加热器部件上，加热工质实现斯特林发动机的做功和发电。碟式斯特林太阳能热发电系统还可以设计成光气互补型，实现在没有阳光的条件下通过燃烧可燃气体发电的目标，达到系统 24 h 连续发电的目的，这是光伏发电所不具备的功能。

2. 太阳能碟式热发电技术特点

太阳能碟式热发电尚处于中试和示范阶段，但商业化前景看好，它和塔式以及槽式发电技术相比较有如下优势：

（1）分布模式灵活。系统单机功率相对较小，既适合十千瓦的小规模分布式发电，也可模块化组合后形成数百兆瓦的大型中心电站。

（2）较高的聚焦比。碟式系统的聚焦比可高达 3000 以上，高的聚焦比能够使工质产生更高的温度，热源具有更高的做功品位，从而热、功转换效率更高，更有利于提高光电转换的总效率。

（3）方便的二维跟踪。整个发电过程中可随时保持采光面积最大，获取更多的阳光能，发出更多的电能，阳光利用系数很高。

（4）适应缺水环境。碟式太阳能热发电系统在发电过程中可不使用水进行导热或冷却，更加适合在无水或者缺水地区建站。

（5）灵活的电站构建模式。电站建设过程中，先期建成的模块即可对外发电，随着电站的建成模块逐渐增多，电站对外发电能力逐渐增加，直至电站建成，从而增加了设备的利用系数。

（6）设备故障对电网的干扰性小。电站运行过程中，即使部分碟式发电系统故障停机或者停机维护，也不会过大的影响整个电站的对外供电质量，从而减小了对电网的负面干扰。

3. 太阳能碟式热发电技术发展状况

早在 1878 年，在巴黎建立了第一个小型太阳能碟式热动力机装置，该装置是一个小型点聚集太阳能热动力系统，碟式抛物面反射镜将阳光聚焦到置于其焦点处的蒸汽锅炉，由此产生的蒸汽驱动一个很小的互交式蒸汽机运行。

现代碟式热发电系统在 20 世纪 70 年代末到 80 年代初，首先由瑞典 US - AB 和美国 Advanco Corporation、MDAC、NASA 及 DOE 等开始研发，大都采用 Silver/glass 聚光镜、管状直接照射式集热管及 USAB4 - 95 型热机。1983 年美国加州喷气推进试验室完成的碟式斯特林太阳能热发电系统，其聚光器直径为 11 m，最大发电功率为 24.6 kW，转换效率为 29%。

进入 20 世纪 90 年代以来，美国和德国的某些企业和研究机构，在政府有关部门的资助下，用项目或计划的方式加速碟式系统的研发步伐，以推动其商业化进程。1992 年，德国一家工程公司开发的一种盘式斯特林太阳能热发电系统的发电功率为 9 kW，到 1995 年 3 月底，累计运行了 17 000 h，峰值净效率 20%，月净效率 16%，该公司计划用 100 台这样的发电系统组建一座 1 MW 的碟式太阳能热发电示范电站。美国热发电计划与 Cummins 公司合作，1991 年开始开发商用 7 kW 碟式/斯特林发电系统，5 年投入经费 1800 万美元。美国热发电计划还同时开发了 25 kW 的碟式发电系统。25 kW 是经济规模，因此成本更加低廉，而且适用于更大规模的离网和并网应用。1996 年在电力部门进行实验，1997 年开始运行。表 4.4 为世界商业化太阳能碟式热发电站列表。

表 4.4 世界商业化太阳能碟式热发电站列表

名　　称	地　　点	发电功率 /kW	采光面积 /m²	反射镜类型	工作 介质
Vanguard	美国	25	91	平面玻璃镜	氢
NcDonnel	美国	25	91	平面玻璃镜	氢
SBP	沙特	52.5	227	镀银玻璃与钢板结合，张膜结合	氢
SBP	西班牙 德国	9	44.2	镀银玻璃与钢板结合，张膜结合	氢
CumminsCPG	美国	7.5	41.5	镀铝塑料与钢板结合，张膜结合	氢
Aisin/Miyak0	日本	8.5	44	镀铝塑料与钢板结合，张膜结合	氢
STM - PCS	美国	25			氢

碟式技术是受关注度最少的光热发电技术，其他的光热发电技术的发展则较为成熟。自从 2011 年，全球最大的碟式斯特林光热发电技术公司美国斯特林能源系统公司 SES 破产后，相对于日益壮大的槽式和塔式技术，碟式斯特林太阳能热发电概念日渐陷入沉寂。

很多碟式斯特林光热发电技术研发工程师们认为，技术的主要难点在于斯特林发动机的制造。同时成本过高迟滞了该技术的应用和成熟化发展。但碟式斯特林光热发电技术进行小规模应用的可靠性更好则是不可置疑的。

第5章　太阳能光电转换技术

5.1　光伏发电概述

目前，太阳能用于发电的主要途径有二：一是热发电，就是先用聚热器把太阳能变成热能，再通过汽轮机将热能转变为电能；二是光发电，就是利用太阳能电池的光电效应，将太阳能直接转变为电能。

通常说的太阳能发电指的是太阳能光伏发电，简称"光电"。光伏发电是利用半导体界面的光生伏特效应而将光能直接转变为电能的一种技术。这种技术的关键元件是太阳能电池。

5.1.1　太阳能光伏发电优、缺点

1. 太阳能光伏发电优点

太阳能光伏发电与其他新型发电技术相比，具有以下优点：

（1）太阳能在地球上散布普遍，因此只要有光照的地方就可以运用光伏发电系统，不受地区、海拔等要素的限制。

（2）太阳能资源到处可得，可就近供电。不用长距离输送，防止了长距离输电线路所形成的电能损耗，也节省了输电成本，为远离电网地区建立微网提供了可能的技术。

（3）太阳能光伏发电无需冷却水，可以建设在缺水的沙漠上。光伏发电还可以很便利地与修建物联系，组成光伏修建一体化发电系统，不需求独自占地，可节约珍贵的地盘资源。

（4）光伏发电系统建立周期短，而且依据用电负荷容量可大可小，便利灵敏，极易组合、扩容。

（5）光伏发电系统操作、维护简单，可实现无人值守，维护成本低。

2. 太阳能光伏发电缺点

虽然光伏发电有众多的优点，但依然存在以下四方面的缺陷，制约了光伏发电的发展和应用。

（1）硅产品生产污染。作为生产光伏电池最重要的核心原材料，单晶硅和多晶硅在生产过程中释放出许多有毒有害的废气、废水、废渣，造成对环境的危害。即使是生产工艺十分先进的德、美、日等国的公司，在生产过程中依然会产生废气、废水、废渣的排放，为此在部分发达国家已经停止生产单晶硅和多晶硅太阳能电池板，取而代之的是价格更为昂贵的新型太阳能光伏产品。

（2）光伏发电系统废弃物污染。光伏发电系统大多都使用不同容量的蓄电池进行蓄能

或稳压，而蓄电池大部分都含有重金属和酸、碱溶液，这些物质一旦泄露将对土壤、地下水、草原等造成污染。

（3）光污染。光伏电池表面玻璃和太阳能集热器在阳光下产生强光反射，就形成光污染，给生活在周围的人群带来影响。专家研究发现，长时间在光污染环境下工作和生活的人，视网膜和虹膜都会受到不同程度的损害，视力急剧下降，白内障的发病率高达45%。还使人头昏心烦，甚至发生失眠、食欲下降、情绪低落、身体乏力等类似神经衰弱的症状。

（4）价格昂贵。虽然经过多年的技术革新，价格有所降低，但太阳能发电的每千瓦建设费用现在依然处于各类商业化发电技术的第二位，仅次于核发电。

5.1.2　太阳能光伏发电发展状况

1. 世界太阳能光伏发电发展状况

1839 年，法国科学家贝克雷尔发现光照能使半导体材料的不同部位之间产生电位差，这种现象后来被称为"光生伏特效应"，简称"光伏效应"。1954 年，美国科学家恰宾和皮尔松在美国贝尔实验室首次制成了实用的单晶硅太阳电池。

20 世纪 70 年代后，受到全球能源危机和大气污染问题的影响，太阳能以其独有的优势而成为人们重视的焦点，20 世纪 80 年代后，太阳能电池的种类不断增多、应用范围日益广阔、市场规模也逐步扩大。

20 世纪 90 年代，光伏发电快速发展。德、日、美等发达国家在太阳能光电转换技术研究与开发领域处于领先地位。在太阳能光伏利用方面发达国家以屋顶计划和并网发电为基本推广形式，这对太阳能光伏市场化发展十分奏效。下面列举一些国家比较有代表性的光伏发展项目：

（1）1990 年德国首先提出 1000 屋顶计划；

（2）1997 年 6 月，美国总统克林顿宣布百万太阳能屋顶计划，计划在 2010 年以前，在 100 万座建筑物上安装太阳能光伏与光热系统，如此将实现 CO_2 排放量减少 300 t/年；

（3）1997 年 12 月，印度政府宣布 2002 年要在全国推广 150 万套太阳能屋顶；

（4）1998 年德国提出 10 万太阳屋顶计划，世界最大的屋顶光伏系统安装在新慕尼黑贸易展览中心，共 1 MW，与 20 kW 电网相连，每年发电 1×10^6 kW·h，足够 340 户德国家庭使用；

（5）2000 年悉尼成功举办奥运会，共在悉尼运动员村安装了 665 套 1 kW 的屋顶光伏系统，为世界最大的光伏住宅小区；

（6）2000 年意大利实施"全国太阳能屋顶计划"，计划到 2002 年将安装光伏组件 50 MW；

（7）蒙古 1 万屋顶计划，到 2005 年安装 5 MW，2010 年安装 10 MW；

（8）日本"阳光计划"，韩国、印度、马来西亚等也有类似的计划实施。

在这些国家的发展计划中，德国和日本进行得最为成功。德国 2003 年圆满完成 10 万屋顶计划，2003 年又公布可再生能促进法，由此引发了德国光伏发展的新一轮高峰期。

2011 年，全球太阳能发电累计装机容量达到 6.9×10^7 kW，新增太阳能发电装机容量约 2.8×10^7 kW，相当于 2009 年底之前全球太阳能累计装机容量。2012 年，全球光伏发电

累积装机容量达到 1.2×10^8 kW，新装机容量为 3.11×10^7 kW，同比增长率仅为 2%。在截至 2012 年底的全球累积装机容量中，欧洲占 7 成，德国（31%）和意大利（16%）加在一起占全球的接近一半，其次是中国（8%）、美国（7%）和日本（7%）。

2. 我国太阳能光伏发电状况

我国对太阳能发电的研究开发工作高度重视，早在七五期间，非晶硅半导体的研究工作已经列入国家重大课题；八五和九五期间，我国把研究开发的重点放在大面积太阳能电池等方面。

进入 21 世纪，国家投资 20 亿开展"送电到乡"工程，安装容量达 20 MW，解决了我国 800 个无电乡（镇）的用电问题。2004 年，深圳国际花卉博览园 1 MW 并网发电工程成为我国光伏应用领域的亮点。2005 年 9 月，上海市政府启动了"十万屋顶光伏发电计划"。该年，在江苏的无锡，40 kW 屋顶并网光伏发电系统也开始实施。徐州在全国率先使用太阳能公交站，站台一年可以省下一千度电左右。2006 年 1 月，深圳通过了建设部可再生能源建筑应用（太阳能建筑一体化）城市级示范的初步审查，计划在今后 5 年新建 300 万平方米太阳能应用示范项目。北京 2008 年奥运会的奥运村使用的生活热水，主要依靠太阳能。奥运会主场馆"鸟巢工程"首次采用太阳能供电，其中太阳能光伏发电系统总装机容量为 130 kW。2009 年 7 月，国家相继出台了"金太阳"示范工程、"屋顶工程"等一系列支持光伏产业发展的政策。2009 年，中国首个光伏发电特许示范项目，甘肃敦煌 10 MW 光伏电站动工，标志着中国长期发展迟缓的光伏发电市场正式启动。2011 年 9 月 30 日，由中广核集团投资建设的青海省锡铁山光伏电站三期 60 MW 项目正式建成并网发电，该项目是目前全国已投产运行的最大单体光伏发电基地。

2009 年，我国太阳能发电新增装机量达到 1.6×10^5 kW，超过了 2008 年底前（1.2×10^5 kW）的累计安装总量。2010 年，实际新增装机量超过 5×10^5 kW。并在 2010 年颁布的"金太阳示范工程和太阳能光电建筑应用示范工程"的文件中公开表示，力争 2012 年以后每年国内应用规模不低于 1×10^6 kW。国际光伏研究机构 Solarbuzz 发布的最新中国项目追踪报告称，2011 年中国光伏市场实际装机完成量将超过 1.6×10^6 kW，较 2010 年增长 230% 以上。我国光伏发电的装机容量规划为 2020 年达到 2×10^7 kW，是原来《可再生能源中长期规划》中 1.8×10^6 kW 的 10 多倍。

5.2　太　阳　能　电　池

太阳能电池又称为"太阳能芯片"或"光电池"，是一种利用太阳光直接发电的光电半导体薄片。它只要被光照到，瞬间就可输出电压及电流。在物理学上称为太阳能光伏（Photovoltaic，PV），简称光伏。1954 年，美国贝尔实验室研制出世界上第一个硅太阳能电池，转换效率为 0.5%，1994 年太阳能电池的转换效率已提高到 17%。

5.2.1　太阳能电池的类型

太阳能电池主要以半导体材料为基础，其工作原理是利用光电材料吸收光能后发生光电转换反应。根据所用材料的不同，太阳能电池可分为硅太阳能电池、多元化合物薄膜太阳能电池、聚合物多层修饰电极型太阳能电池、纳米晶太阳能电池、有机太阳能电池、塑料太阳能电池，其中硅太阳能电池是发展最成熟的，在应用中居主导地位。

太阳能电池还可以按结晶状态分为结晶系薄膜式和非结晶系薄膜式两大类，而前者又分为单结晶形和多结晶形。

1. 硅太阳能电池

1）硅太阳能电池工作原理与结构

硅材料是一种半导体材料，太阳能电池发电的原理主要是利用这种半导体的光电效应。一般半导体的分子结构如图 5.1 所示。正电荷表示硅原子，负电荷表示围绕在硅原子旁边的四个电子。

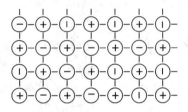

图 5.1　半导体的分子结构

当硅晶体中掺入硼原子，因为硼原子周围只有 3 个电子，硅晶体中就会存在一个空穴，这个空穴因为没有电子而变得很不稳定，容易吸收电子而中和，形成 P（positive）型半导体。同样，掺入磷原子以后，因为磷原子有五个电子，所以就会有一个电子变得非常活跃，形成 N（negative）型半导体。P 型半导体中含有较多的空穴，而 N 型半导体中含有较多的电子，当 P 型和 N 型半导体结合在一起时，在两种半导体的交界面区域里会形成一个特殊的薄层，界面的 P 型一侧带负电，N 型一侧带正电。这是由于 P 型半导体多空穴，N 型半导体多自由电子，出现了浓度差。N 区的电子会扩散到 P 区，P 区的空穴会扩散到 N 区，一旦扩散就形成了一个由 N 指向 P 的"内电场"，从而阻止扩散进行。达到平衡后，就在这个特殊的薄层形成电势差，从而形成 PN 结，如图 5.2 所示。

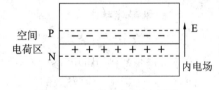

图 5.2　PN 结内电场示意图

当晶片受光后，PN 结中 N 型半导体的空穴往 P 型区移动，而 P 型区中的电子往 N 型区移动，从而形成从 N 型区到 P 型区的电流，然后在 PN 结中形成电势差，这就构成了电源，如图 5.3 所示。

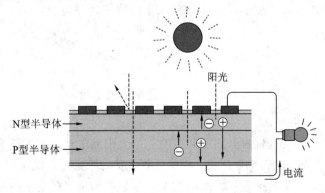

图 5.3　硅太阳能电池工作原理

　　由于半导体不是电的良导体,电子在通过 PN 结后如果在半导体中流动,电阻非常大,损耗也就非常大。但如果在上层全部涂上金属,阳光就不能通过,电流就不能产生,因此一般用金属网格覆盖 PN 结,以增加入射光的面积。

　　另外,硅表面非常光亮,会反射掉大量的太阳光,不能被电池利用。为此,科学家们给它涂上了一层反射系数非常小的保护膜,将反射损失减小到 5％甚至更小。一个电池所能提供的电流和电压毕竟有限,于是人们又将很多电池并联或串联起来使用,形成太阳能光电板。

　　2）硅太阳能电池的类型

　　硅太阳能电池分为单晶硅太阳能电池、多晶硅薄膜太阳能电池和非晶硅薄膜太阳能电池三种。

　　单晶硅太阳能电池转换效率最高,技术也最为成熟。在实验室里其最高转换效率为24.7％,规模生产时的效率为 18％,在大规模应用和工业生产中占据主导地位,但单晶硅成本价格高,大幅度降低其成本很困难,为了节省硅材料,发展了多晶硅薄膜和非晶硅薄膜作为单晶硅太阳能电池的替代产品。

　　多晶硅薄膜太阳能电池与单晶硅比较,成本低廉,而效率高于非晶硅薄膜电池,其实验室最高转换效率为 18％,工业规模生产的转换效率为 17％。因此,多晶硅薄膜电池不久将会在太阳能电池市场上占据主导地位。

　　非晶硅薄膜太阳能电池成本低,重量轻,转换效率较高,便于大规模生产,有极大的潜力。但受制于其材料引发的光电效率衰退效应,稳定性不高,影响了它的实际应用。如果能进一步解决稳定性问题及提高转换率问题,那么,非晶硅太阳能电池无疑是太阳能电池的主要发展产品之一。

2. 纳米晶化学太阳能电池

　　在太阳能电池中硅系太阳能电池无疑是发展最成熟的,但由于成本居高不下,远不能满足大规模推广应用的要求。为此,人们一直不断在工艺、新材料、电池薄膜化等方面进行探索,而这当中新近发展的纳米 TiO_2 晶体化学能太阳能电池受到国内外科学家的重视。

　　以染料敏化纳米晶体太阳能电池(DSSCs)为例,这种电池主要包括镀有透明导电膜的玻璃基底,染料敏化的半导体材料、对电极以及电解质等几部分。染料分子吸收太阳光能跃迁到激发态,激发态不稳定,电子快速注入到紧邻的 TiO_2 导带,染料中失去的电子则很快从电解质中得到补偿,进入 TiO_2 导带中的电子最终进入导电膜,然后通过外回路产生光电流。

　　纳米晶 TiO_2 太阳能电池的优点在于它廉价的成本和简单的工艺及稳定的性能。其光电效率稳定在 10％以上,制作成本仅为硅太阳电池的 1/5～1/10。寿命能达到 20 年以上。此类电池的研究和开发刚刚起步,估计不久将会逐步走上市场。

3. 有机聚合物电池

　　以有机聚合物代替无机材料是刚刚开始的一个太阳能电池制造的研究方向。由于有机材料柔性好,制作容易,材料来源广泛,成本低等优势,从而对大规模利用太阳能,提供廉价电能具有重要意义。围绕提高有机太阳能电池效率的研究,在过去的几年中取得了大量成果,从材料的选择到器件结构的优化都进行了不同程度的改进。

有机聚合物电池的光电转换过程包括：光的吸收与激子的形成、激子的扩散和电荷分离、电荷的传输和收集。有机太阳能电池有四种结构：单层器件、双层或多层器件、复合层器件、层压结构器件，图 5.4 给出了这四种方式的结构示意图。采用这些器件结构的目的在于通过提高有机分子材料中电荷分离和收集的效率来得到较高的电池转换效率。

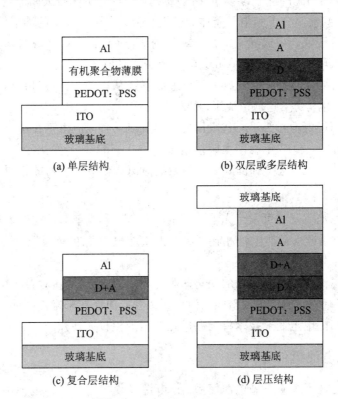

图 5.4　四种典型聚合物太阳能电池的结构

聚合物光电池经过一系列的改进之后，有望使用于一定的商业用途。由于其性能参数接近非晶硅光电池的水平，并有原料便宜、制造简单的优势，聚合物光电池已经可以应用于非晶硅光电池的所有应用领域。

聚合物光电池在具体实际应用上，初期应用目标是民用电器，如计算器、电子表、小型仪表及儿童玩具等的电源。这些应用所需光源强度多为室内照明光源强度：$0.1 \sim 1 \ MW/cm^2$。同时，由于聚合物光电池是全固体组成，将特别适用于掌上电脑（PDA）、手机、平板电脑、电子图书及电子报纸的电源。

尽管聚合物光电池的研究取得了重大进展，获得了较高的开路电压，但聚合物光电池同目前应用领域占主导地位的无机光电池相比，其主要问题仍然是光电能量转换效率较低。因此，目前各国研究人员的研究方向大多数集中在：

（1）改善光吸收，主要是使用具有近红外或者红外吸收的聚合物或染料；

（2）使用具有高迁移率的无机纳米材料或高有序相的液晶材料；

（3）器件制备过程的优化与稳定性的探索；

（4）对聚合物光伏器件物理理论及实验技术的探索。

4. 有机薄膜电池

有机薄膜电池，顾名思义，即以有机材料作为激发层的太阳能电池。有机薄膜太阳能电池由承担基本光吸收与空穴输送的 n 共轭高分子（相当于 P 型半导体）和承担电子输送的低分子电子受体分子（相当于 N 型半导体）所构成。在有机薄膜太阳能电池基底上涂覆了空穴输送材料、n 共轭高分子和电子受体分子混合液。当混合液中的溶剂挥发时，n 共轭高分子和电子受体分子混合形成异质结相分离随机结合面。而电介质薄膜相当于内电极。

当有机薄膜太阳能电池受光后，n 共轭高分子或者电子受体分子产生 P 型或 N 型激励子，激励子扩散到结合面生成空穴或电子，进而形成从电流，并通过内电极向外输送。然后在 PN 结中形成电势差，这就形成了电源。

有机薄膜太阳能电池作为下一代太阳能电池受到关注，但由于在研究之初其转化效率很低，一直不被看好，2012 年德国太阳能电池厂商 Heliatek 开发出了转换效率为 10.7% 的有机薄膜太阳能电池，这给有机薄膜太阳能电池商业化带来了新的希望。

5. 塑料电池

塑料太阳能电池就是将可发生光电效应的有机聚合体薄膜，印在碳基板上并连接成为电池组。与传统单晶硅太阳能电池相比，塑料太阳能电池具有轻巧、廉价的显著特点，并且生产过程中污染较小。

塑料太阳能电池以可循环使用的塑料薄膜为原料，能通过"卷对卷印刷"技术大规模生产，其成本低廉、环保。但塑料太阳能电池尚不成熟，预计在未来 5 年到 10 年，基于塑料等有机材料的太阳能电池制造技术将走向成熟并大规模投入使用。

5.2.2　太阳能电池组件

单体太阳能电池不能直接做电源使用。作电源必须将若干单体电池串、并联连接和严密封装成组件。太阳能电池组件是太阳能发电系统中的核心部分，也是太阳能发电系统中最重要的部分。太阳能电池组件由高效晶体硅太阳能电池片、钢化玻璃、EVA、透明 TPT 背板、铝合金边框以及接线盒组成。

太阳能电池组件构成及各部分功能：

（1）电池片主要作用就是发电，主要分为晶体硅太阳能电池片和薄膜太阳能电池片两类，两者各有优劣。晶体硅太阳能电池片成本相对较低，光电转换效率高，在室外阳光下发电比较适宜，但消耗及电池片成本很高；薄膜太阳能电池的消耗和电池成本很低，弱光效应非常好，在普通灯光下也能发电，但相对设备成本较高。

（2）钢化玻璃其作用为保护发电主体（如电池片），透光率必须高，一般在 91% 以上。

（3）EVA 用来黏结固定钢化玻璃和发电主体（如电池片），透明 EVA 材质的优劣直接影响到组件的寿命，暴露在空气中的 EVA 易老化发黄，从而影响组件的透光率，进而影响组件的发电质量。除了 EVA 本身的质量外，组件厂家的层压工艺对发电质量影响也非常大，例如，EVA 胶连度不达标，EVA 与钢化玻璃、背板粘接强度不够，都会引起 EVA 提早老化，影响组件寿命。

（4）背板主要起密封、绝缘、防水作用。

（5）铝合金保护层压件起一定的密封、支撑作用。

（6）接线盒保护整个发电系统，起到电流中转站的作用，当组件短路，接线盒自动断开短路电池串，防止烧坏整个系统。接线盒中最关键的是二极管的选用，根据组件内电池片的类型不同对应的二极管也不相同。

5.2.3　太阳能电池的性能参数

（1）开路电压。开路电压是将太阳能电池置于标准光源（100 MW/cm²）的照射下，在两端开路时，太阳能电池的输出电压值。

（2）短路电流。短路电流是将太阳能电池置于标准光源（100 MW/cm²）的照射下，在输出端短路时，流过太阳能电池两端的电流。

（3）最大输出功率。太阳能电池的工作电压和电流是随负载电阻而变化的，将不同阻值所对应的工作电压和电流值做成曲线就得到太阳能电池的伏安特性曲线。如果选择的负载电阻值能使输出电压和电流的乘积最大，即可获得最大输出功率，用符号 P_m 表示。此时的工作电压和工作电流称为最佳工作电压和最佳工作电流，分别用符号 U_m 和 I_m 表示。

（4）填充因子。太阳能电池的另一个重要参数是填充因子 FF，它是最大输出功率与开路电压和短路电流乘积之比。FF 是衡量太阳能电池输出特性的重要指标，是代表太阳能电池在带最佳负载时，能输出的最大功率的特性，其值越大表示太阳能电池的输出功率越大。FF 的值始终小于 1。实际上，由于受串联电阻和并联电阻的影响，实际太阳能电池填充因子的值要低于理想值。串、并联电阻对填充因子有较大影响。串联电阻越大，短路电流下降越多，填充因子也随之减少的越多；并联电阻越小，这部分电流就越大，开路电压就下降得越多，填充因子随之也下降得越多。

（5）转换效率。太阳能电池的转换效率指在外部回路上连接最佳负载电阻时的最大能量转换效率，等于太阳能电池的输出功率与入射到太阳能电池表面的能量之比。太阳能电池的光电转换效率是衡量电池质量和技术水平的重要参数，它与电池的结构、结特性、材料性质、工作温度、放射性粒子辐射损伤和环境变化等有关。

5.3　太阳能供电系统的类型

一般我们将光伏系统分为独立系统、并网系统和混合系统。如果根据太阳能光伏系统的应用形式、应用规模和负载的类型对光伏供电系统进行比较细致的划分，还可以将光伏系统细分为如下 6 种类型：简单直流系统，直流供电系统，交流、直流供电系统，混合供电微网系统，并网混合系统，并网系统。其中，简单直流系统、直流供电系统和交流、直流供电系统和混合供电微网系统是离网光伏系统。下面就每种系统的工作原理和特点进行简单说明。

5.3.1　简单直流系统

简单直流系统的特点是系统中的负载为直流负载而且对负载的使用时间没有特定的要求，负载主要是在白天使用，所以系统中没有蓄电池，也不需要使用控制器。简单直流系统结构简单，直接使用光伏组件给负载供电，省去了能量在蓄电池中的储存和释放过程，以及控制器中的能量损失，提高了能量利用效率。其常用于太阳能提水系统、一些白天临时设备用电和一些旅游设施、设备。图 5.5 是一种用于户外运动的便携式直流光伏发电系统。

图 5.5　便携式直流光伏发电系统

5.3.2　直流供电系统

太阳能直流供电系统的特点是系统中只有直流负载而且负载功率比较小，整个系统结构简单，操作简便。其主要用途是一般的家庭用户系统，各种民用的直流产品以及相关的娱乐设备，也可用于通信、遥测、监测设备、航标灯塔、路灯等。如在我国西部地区就大面积推广使用了这种类型的光伏系统，负载为直流灯，用来解决无电地区的家庭照明问题。

与简单直流系统相比较，直流供电系统往往需要全天候供电，因此系统中必须配置用于电能储存的蓄电设备。由于直流供电系统相对较复杂，而且价格较高，同时负载用电类型仅为直流，所以现在基本已很少使用，仅在太阳能照明系统中使用较广泛。

5.3.3　交流、直流供电系统

与上述两种太阳能光伏系统不同，太阳能交流、直流供电系统能够同时为直流和交流负载提供电力，在系统结构上增加了逆变器，用于将直流电转换为交流电以满足交流负载的需求。通常这种系统的负载耗电量也比较大，因而系统的规模也较大。在一些同时具有交流和直流负载的通讯基站和其他一些同时具有交、直流负载的光伏电站中得到广泛应用。太阳能交流、直流供电系统由太阳能电池组件、蓄电池组、充放电控制器、逆变器、太阳跟踪控制系统等设备组成。太阳能交流、直流供电系统的组成与工作原理如图 5.6 所示。

（1）太阳能电池组件。在有光照情况下，电池吸收光能，将光能转换成电能，是能量转换的器件。

（2）蓄电池组。蓄电池组的作用是贮存太阳能电池方阵发出的电能并可随时向负载供电。

（3）充放电控制器。充放电控制器是能自动防止蓄电池过充电和过放电的设备。由于蓄电池的循环充放电次数及放电深度是决定蓄电池使用寿命的重要因素，因此充放电控制器对延长蓄电池寿命，提高系统可靠性十分重要。

（4）逆变器。逆变器是将直流电转换成交流电的设备。由于太阳能电池和蓄电池是直流电源，而负载大多是交流负载，因此逆变器必不可少。逆变器按运行方式，可分为独立运行逆变器和并网逆变器。独立运行逆变器用于独立运行的太阳能电池发电系统,为独立负载供电。并网逆变器用于并网运行的太阳能电池发电系统。逆变器按输出波形可分为方波逆变器和正弦波逆变器。方波逆变器电路简单,造价低,但谐波分量大,一般用于几百瓦以下和对谐波要求不高的系统。正弦波逆变器成本高,但可以适用于各种负载。

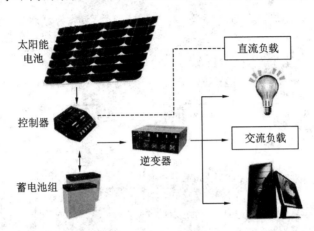

图 5.6 交流、直流供电系统的组成与工作原理图

(5) 跟踪控制系统。由于相对于某一个固定地点的太阳能光伏发电系统,一年春夏秋冬四季、每天日升日落,太阳的光照角度时时刻刻都在变化,如果太阳能电池板能够时刻正对太阳,发电效率才会达到最佳状态。

常见的计算太阳运动轨迹追踪方式是根据安放点的经纬度等信息计算一年中的每一天的不同时刻太阳所在的角度,将一年中每个时刻的太阳位置存储到 PLC、单片机或电脑软件中,也就是靠计算太阳位置以实现跟踪。该太阳跟踪控制系统原理、电路、技术、设备复杂,一旦安装,就不便移动或装拆,每次移动完就必须重新设定数据和调整各个参数,非专业人士不能够随便操作。

先进的跟踪控制系统通过传感器测定太阳所在的角度,对太阳能电池板的角度进行自动调节,从而简化了光伏电站设计和建设的难度。

5.3.4 混合供电微网系统

太阳能光伏混合供电微网系统中除了使用太阳能光伏组件阵列之外,还使用了内燃发电机(燃油发电机和燃气发电机)、风力发电机等发电设备作为备用电源。使用混合供电微网系统的目的就是为了综合利用各种发电技术的优点,避免各自的缺点。上述的三种单一能源光伏系统的优点是维护少,缺点是能量的输出依赖于天气,不稳定。而太阳能光伏混合供电微网系统综合使用内燃发电机、风力发电机和光伏阵列发电就可以提供不依赖于天气而连续提供能源。

太阳能光伏混合供电微网系统中风光互补发电系统和光柴混合系统是近几年的研究热点。风光互补发电系统原理如图 5.7 所示。

1. 混合供电微网系统的优点

(1) 使用混合供电微网系统可以达到可再生能源的更好利用。由于可再生能源是变化的,不稳定的,所以使用可再生能源的单一能源系统通常是按照最坏的情况进行设计的,从而保证系统运行的可靠性和用户的用电需求。由于系统是按照最差的情况进行设计，所以在其他的时间，系统的容量是过大的。在太阳辐照最高峰时期产生的多余的能量没法使用而浪费了。整个单一能源系统的性能就因此而降低。如果最差月份的情况和其他月份差别很大，有可能导致浪费的能量等于甚至超过设计负载的需求。

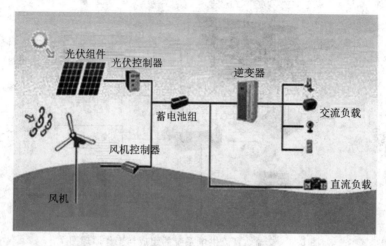

图 5.7　风光互补发电系统原理图

（2）具有较高的系统实用性。在单一能源系统中因为可再生能源的变化和不稳定会导致系统出现供电不能满足负载需求的情况，也就是存在负载缺电情况，使用混合供电系统则会大大地降低负载缺电率。

（3）光柴混合系统与使用单一柴油发电机的系统相比，具有维护和使用费用低的优点。

（4）光柴混合系统燃油效率较高。在低负荷的情况下，柴油机的燃油利用率很低，会造成燃油的浪费。在混合供电系统中可以进行综合控制使得柴油机在额定功率附近工作，从而提高燃油效率。

（5）负载匹配灵活。使用光柴混合供电系统之后，因为柴油发电机可以即时提供较大的功率，所以混合供电系统可以适用于范围更加广泛的负载系统，例如，可以使用较大的交流负载，冲击载荷等。

（6）便于优化混合供电系统成本。负载的大小决定了混合供电系统的容量，一般负载会出现短时间的大负载，大负载需要很大的电流和很高的电压，如果只是使用太阳能供电，成本就会很高。在混合供电系统中只要在负载的高峰时期打开备用能源即可简单的解决容量匹配问题。

2. 混合供电微网系统的缺点

（1）控制比较复杂。因为使用了多种能源，所以系统需要监控每种能源的工作情况，处理各个子能源系统之间的相互影响、协调整个系统的运作，这样就导致其控制系统比单一能源系统复杂，现在多使用微处理芯片进行系统管理。

（2）初期工程量较大。混合供电系统的设计、安装、施工工程量都比单一能源工程量要大。

（3）比单一能源系统需要更多的维护。风力发电机和柴油机的使用需要更多的维护工作,例如,风力发电机各类轴承和齿轮箱的维护,柴油机更换机油滤清器、燃油滤清器、火花塞等,还需要给燃油箱添加燃油等。

(4) 污染和噪音。光伏系统是无噪音、无有害物排放的洁净能源,风力发电虽然有一定的噪声,但基本无有害物排放。但是柴油机就不可避免的产生噪音和污染。

很多在偏远无电地区的通信电源和民航导航设备电源,因为对电源的要求很高,都是采用的混合供电系统供电,以求达到最好的性价比。我国新疆、云南建设的很多乡村光伏电站就是采用光柴混合系统或风光互补系统。

5.3.5　并网混供系统

随着太阳能光电产业的发展,出现了可以综合利用太阳能光伏组件阵列、市电和备用内燃发电机、风力发电机等能源的并网混合供电系统。这种系统通常是控制器和逆变器集成一体化,使用计算机控制技术全面控制整个系统的运行,综合利用各种能源达到最佳的工作状态,并还可以使用蓄电池进一步提高系统的负载供电保障率。该系统可以为本地负载提供合格的电源,还可以向电网供电或者从电网获得电力。

系统的工作方式通常是将市电和太阳能电源并行工作,对于本地负载而言,如果光伏组件产生的电能足够负载使用,将直接使用光伏组件产生的电能供给负载的需求。如果光伏组件产生的电能超过负载的需求,还能将多余的电能返回到电网;如果光伏组件产生的电能不够用,则将自动启用市电,使用市电供给本地负载的需求。如果市电产生故障,即市电停电或者是市电的品质不合格,系统就会自动的断开市电,转成独立工作模式。这种系统的核心器件是控制器和逆变器。

5.3.6　并网系统

并网太阳能光伏发电系统主要是由光伏电池方阵和并网逆变器组成的,不经过蓄电池储能,通过并网逆变器直接将电能输入公共电网。并网太阳能光伏发电系统相比离网太阳能光伏发电系统省掉了蓄电池储能和释放的过程,减少了其中的能量消耗,节约了占地空间,还降低了建设成本。

并网光伏发电系统主要是集中式大型并网光伏电站,这类电站一般都是国家级电站,主要特点是将所发电能直接输送到电网,由电网统一调配向用户供电。图 5.8 是大型太阳能光伏发电系统。

图 5.8　格尔木光伏电站二期 100 MW

1. 并网系统组成

并网系统由太阳能电池组件、逆变器、太阳能跟踪控制系统和配电室等设备、设施组成。除了储能型太阳能并网系统外，其他并网系统一般不需要蓄电池组和充放电控制器。太阳能电池组件、逆变器、太阳跟踪控制系统的功能与离网型太阳能交流、直流供电系统对应部件的功能基本相同。

2. 系统优点

与离网太阳能发电系统相比，并网发电系统具有以下优点：

（1）利用清洁干净、可再生的自然能源太阳能发电，不耗用不可再生的、资源有限的化石能源，使用中无温室气体和污染物排放，与生态环境和谐，符合经济社会可持续发展战略。

（2）所发电能直接并入电网，无蓄电池，从而扩大了使用的范围和灵活性，提高了系统的平均无故障时间，消除了蓄电池的二次污染，并降低了造价。

（3）分布式建设，就近就地分散发电，进入和退出电网灵活，既有利于增强电力系统抵御战争和灾害的能力，又有利于改善电力系统的负荷平衡，并可降低线路损耗。

5.4　太阳能聚光光伏发电

5.4.1　聚光光伏发电原理

聚光光伏发电技术是利用光学系统将太阳能通过聚光的方式汇聚在一个狭小的区域（焦斑），再利用光伏效应把光能转化为电能的发电技术。聚光光伏发电技术分为透射式聚光光伏发电系统与反射式聚光光伏发电系统。聚光光伏发电转换效率理论极限为 70%。图 5.9 是透射式聚光光伏发电原理图。

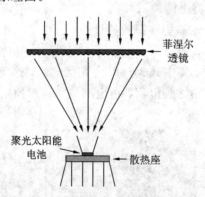

图 5.9　聚光光伏发电原理图

利用聚光器进行聚光，一方面可以提高单位面积太阳能辐射量，将太阳光聚集到很小的高性能太阳能光伏电池表面，从而提高辐射能量密度、提高单位面积太阳能电池的输出功率，一定程度上克服了太阳能量的分散性，有效调高转换效率；另一方面，通过使用价格低廉的材料制造的聚光器，从而可以达到降低昂贵的太阳能电池材料的使用量和光伏发电系统总成本的效果。商业化高倍聚光光伏发电系统的聚光倍数为 500～1200 倍，系统效

率在 $23\%\sim28\%$ 之间。

5.4.2　聚光光伏发电系统的组成

聚光光伏发电系统主要由高效太阳能光伏电池、聚光器、主动或被动冷却设备、太阳能跟踪设备、交流/直流控制系统、逆变器和蓄电池等装置组成。图 5.10 是聚光型太阳能光伏发电站。

图 5.10　聚光型太阳能光伏发电站

由于高效太阳能光伏电池、聚光器、散热器和太阳能追踪设备常组装在一起，作为聚光型太阳能光伏发电站的基本单元，因此习惯上又将其称为聚光型太阳能光伏系统模组。图 5.11 是聚光型太阳能光伏系统模组与关键部件图。

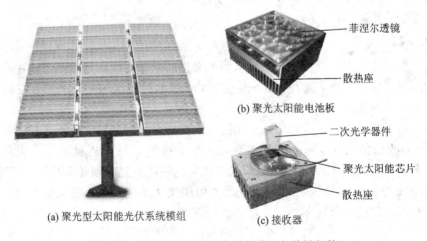

(a) 聚光型太阳能光伏系统模组　　　　(b) 聚光太阳能电池板　　　(c) 接收器

图 5.11　聚光型太阳能光伏系统模组与关键部件

1. 高效太阳能光伏电池

1）聚光太阳能电池芯片

与硅基材料相比，基于 III-V 族半导体多结太阳能电池具有最高的光电转换效率，大致要比硅太阳能电池高 50% 左右。III-V 族半导体具有比硅高得多的耐高温特性，在高照度下仍具有高的光电转换效率，因此可以采用高倍聚光技术，这意味着产生同样多的电能只需要很少的太阳电池芯片。多结技术一个独特的方面就是可选择不同的材料进行组合使它们的吸收光谱和太阳光光谱接近一致。目前使用最多的是由锗、砷化镓、镓铟磷 3 种不同的半导体材料形成 3 个 P-N 结，在这种多结太阳能电池中，不但这 3 种材料的晶格常数基本匹配，而且每一种半导体材料具有不同的禁带宽度，分别吸收不同波段的太阳光光谱，从而可以对太阳光进行全谱线吸收。

2）接受器

聚光太阳能电池芯片被封装到光接受器中，接受器封装对太阳能电池进行保护，对汇聚光均匀化，同时起到散热的作用。接受器组件还包括旁路二极管和引线端子。

在实际使用中，还需要将接受器组件与二次光学器件、散热器封装在一起，组成完整的接受器。在实际应用中，由于受到太阳光跟踪系统的精度和风向等影响，太阳光入射方向有可能偏离聚光轴向方向。以400倍菲涅尔透镜为例，如果入射角偏离0.5度，光学效率将降为64%，如果入射角偏离1度，光学效率将降为0。为提高系统对太阳光入射偏离度的适应必须在太阳能电池表面加装二次聚光器。二次光学器件不仅可以降低对跟踪器高精准度的要求，还可以使通过菲涅尔透镜聚焦后的光斑更加均匀地照射到电池芯片上。二次光学元件通常是光学玻璃棱镜或中空的倒金字塔金属反射器。为了最大限度地利用太阳能资源，节省芯片材料以降低成本，可以提高电池的聚光倍数，这就对散热系统提出了更高的要求。值得注意的是，将光电和光热结合起来的系统，聚光后产生的较多能量可再次转化为电力或热水，大大提高能源的利用率。5.5 mm×5.5 mm 接受器组件在 500 倍太阳光下的光电转换率高达 38.5% 以上。

为提高聚光太阳能电池的可靠性，国际电工委员会（IEC）已制定了作为聚光太阳能接受器和组件评估标准的国际标准——IEC62108，通过热循环、绝缘等一系列的检验标准，规定了聚光太阳能接受器的最低设计标准与质量要求，确保其在露天环境下安全、可靠、稳定地应用于光伏系统中。

2. 聚光器

透射式聚光光伏发电系统的聚光模组主要采用菲涅尔透镜聚焦方式，反射式聚光模组主要采用回转二次反射曲面聚焦方式，聚焦后的光线经过二次匀光处理照射在高效太阳电池芯片上实现系统光电转换效率最大化。

太阳能聚光光伏系统模组的第一个关键技术指标是聚光倍率。一般而言，聚光倍率在100倍以下的为低倍聚光系统。国际上高效聚光光伏发电系统的聚光倍率大约在 250～1000 倍，最高的达到了 1200 倍。高效聚光光伏发电系统首先必须是高倍聚光系统。

在太阳聚光领域，菲涅尔透镜是聚光型太阳能光伏系统中重要的光学部件之一。聚光太阳能系统所用的是正菲涅尔透镜，光线从一侧进入，经过菲涅尔透镜在另一侧出来聚焦成一点或以平行光射出，使汇聚光焦点刚好落在太阳能芯片上。应用菲涅尔透镜能够将太阳光聚焦到入光面 1/10 至 1/1000 甚至更小的高性能电池片上，比传统平板光伏发电效率提高 30% 以上，满足聚光型太阳能光伏系统和聚热系统中高能量、高温需求。

菲涅尔透镜易于设计和模拟而且成本较低，是聚光光伏系统中采用该透镜的主要因素。菲涅尔透镜克服了普通透镜重量大的缺点，可省去约 80% 的材料成本。然而要满足高倍聚光系统要求，实现长期抵御环境侵蚀，菲涅尔透镜的制造还面临着一系列挑战。目前有多种工艺技术制造菲涅尔透镜，如对有机玻璃（PMMA）进行注塑和热压以及玻璃上涂覆硅凝胶（SOG）等，这些都需要较复杂的工艺制作过程。透光率、光斑均匀性、焦距、工艺一致性、像差、抗紫外、抗风沙能力等都是评估透镜的重要指标。PMMA 和 SOG 透镜是现在最通用的两种菲涅尔透镜。

3. 太阳能跟踪设备

太阳能跟踪器是用于保持太阳能电池板随时正对太阳，使太阳光的光线随时都垂直照射到太阳能电池板的动力装置。跟踪器主要分为单轴跟踪器和双轴跟踪器两种。单轴型适用于对跟踪精度要求比较低的硅太阳能电池或槽式聚光系统等场合，其发展方向趋于小型轻便。双轴型适用于对跟踪精度要求高的聚光太阳能电池发电系统，其跟踪精度可达0.1°，主要应用于大型发电站，产品向大中型、稳固性高方面发展。

太阳能跟踪器按照追踪方式分为传感器追踪、计算太阳运动轨迹追踪和混合型追踪。传感器追踪方式采用光电传感器检测太阳光与电池板法线的偏离度，实现反馈跟踪，其追踪精度为0.1°，但受天气影响大。太阳运动轨迹追踪方式是根据太阳的实际运行轨迹按预定的程序调整跟踪装置，这种追踪方式能够全天候实时跟踪，其追踪精度约为0.5°。混合型结合了两者的优点，在天气状况良好时，采用传感器跟踪保证追踪精度；在天气状况不好时，追踪方式由传感器跟踪转为计算太阳运动轨迹追踪方式。根据统计，聚光光伏发电系统失效有90%源于跟踪器失效。

5.4.3　聚光光伏发电的优势

相对于传统的光伏发电，聚光光伏发电有明显的优势，主要有以下优势：

(1) 系统转换效率高。高倍率聚光型太阳能光伏系统光电转换效率理论极限可以达到70%，目前多结太阳能电池的转换效率已达到40%，而硅太阳电池的转换效率相对仅有27%。

(2) 土地利用率高。聚光光伏发电比其他太阳能发电模式更节省土地资源，在同样的占地面积下，聚光光伏发电可以产生的电能是传统的太阳能光伏发电的两倍。

(3) 系统设备生产能耗低，环保。制造高效聚光太阳电池模组耗费的电能约运行后半年可以收回，且制造环节不产生任何污染，运行20~25年后所有部件可回收再利用。

(4) 发电成本较低。聚光太阳能发电在组件成本上可以节约一倍的价格，约低于硅基太阳电池的20%。高倍聚光光伏发电系统利用菲涅尔透镜把太阳光聚焦到面积更小但效率更高的多结太阳能电池上；高精度的自动追日跟踪技术提升了系统的发电量，从而进一步降低发电成本。这成为很多尤其是大型电站的选择，也是光伏发电的长期发展方向。

(5) 投资回收快。目前我国的多晶硅电池投资回收期要在5~6年，国外要2~3年，薄膜电池在1年左右能回收，而聚光光伏大概只需半年时间。

5.4.4　聚光光伏发电的不足

聚光倍率的提高是有限度的，随着聚光倍率的提升，光能利用效率提升与成本降低明显，但随之而来的是光学系统难度加大、追日跟踪精度的提高与散热问题突出，超过800倍的聚光光伏发电系统对光学系统模组、追日跟踪系统及散热技术提出了挑战。

(1) 太阳能光伏芯片温度高。虽然砷化镓可以承受1000倍的光强，但砷化镓价格昂贵，并且砷化镓中的砷是剧毒物质，不可能大幅度的降低制造成本。需要找到能耐高温并且成本较低的新型光伏材料。

(2) 太阳能光伏芯片散热。如果太阳能电池板使用铝或者铜制的散热片进行自然散热，需要大量的散热片，造价较高。如果使用强制风冷，将损耗大量的电能，并且风扇的寿命与可靠性不高,要想达到高可靠性必须有错误检查与冗余设置,这样就会成倍增加造价。如果使用水冷,虽然冷却效率要高于风冷,但水冷系统更为复杂,故障率更高。

(3)高聚光倍率光学系统模组。在聚光光伏发电系统中聚光倍率越高,光电转换率越高,但超过 800 倍的聚光倍率,光学系统设计和制造都比较困难。同时在使用过程中要保证透光率、光斑均匀性、焦距、像差、抗紫外、抗风沙能力等性能稳定。

(4)高精度太阳能跟踪器。光伏电池只有在聚光器的焦点才能工作,因为地球每时每刻都在转动,所以必须使用跟踪器才能保证光伏电池处于聚光器的焦点。跟踪器是聚光光伏发电系统的主要部件之一,没有跟踪器系统就不能运行。双轴型跟踪器跟踪精度较高,跟踪精度可达 $0.1°$,但其机构和控制方法也较复杂。再有跟踪器是机械结构,长年累月的运行会由于磨损等原因产生故障,增加系统运行维护难度和费用。

第 6 章　风能及其利用

6.1　风 与 风 能

6.1.1　大气层结构

大气是指包围在地球表面并随地球旋转的空气层。大气层的空气密度随高度而减小，越高空气越稀薄。大气层的厚度大约在 1000 千米以上，但没有明显的界限。整个大气层随高度不同表现出不同的特点，分为对流层、平流层、中间层、暖层（热层）和逃逸层（散逸层），再上面就是星际空间了。

1. 对流层

对流层是大气的最底层，其厚度随纬度和季节而变化。在赤道附近为 16～18 km；在中纬度地区为 10～12 km，两极附近为 8～9 km。夏季较厚，冬季较薄。

对流层有以下两个显著特点：

（1）气温随高度升高而递减，大约每上升 100 m，温度降低 0.6℃。贴近地面的空气受地面的热量影响而膨胀上升，上面冷空气下降，故在垂直方向上形成强烈的对流，对流层也正是因此而得名。

（2）密度大，大气总质量的 3/4 以上集中在此层。

在对流层中，因受地表的影响不同，又可分为两层：在 1～2 km 以下，受地表的机械、热力作用强烈，通称摩擦层，或边界层，亦称低层大气；在 1～2 km 以上，受地表影响变小，称为自由大气层，主要天气过程如雨、雪、雹的形成均出现在此层。

2. 平流层

从对流层顶到约 50 km 的大气层为平流层。在平流层下层，即 30～35 km 以下，温度随高度降低变化较小，气温趋于稳定，所以又称同温层。在 30～35 km 以上，温度随高度升高而升高。平流层的特点是：

（1）空气没有垂直对流运动，平流运动占显著优势；

（2）空气比下层稀薄得多，水汽、尘埃的含量甚微，很少出现天气现象；

（3）在高约 15～35 km 范围内，有厚约 20 km 的一层臭氧层，因臭氧具有吸收太阳光短波紫外线的能力，故使平流层的温度升高。

3. 中间层

从平流层顶到 80 km 高度称为中间层。这一层空气更为稀薄，温度随高度增加而降低。

4. 暖层

从 80～500 km 称为暖层(亦称热层)。这一层温度随高度增加而迅速增加,层内温度很高,昼夜变化很大,暖层下部尚有少量的水分存在,因此偶尔会出现银白并微带青色的夜光云。

5. 逃逸层

暖层以上的大气层称为逃逸层(亦称散逸层)。这层空气在太阳紫外线和宇宙射线的作用下,大部分分子发生电离;使质子的含量大大超过中性氢原子的含量。逃逸层空气极为稀薄,其密度几乎与太空密度相同,故又常称为外大气层。由于空气受地心引力极小,气体及微粒可以从这一层飞出地球引力场进入太空。逃逸层是地球大气的最外层,该层的上界在哪里还没有一致的看法。实际上地球大气与星际空间并没有截然的界限。逃逸层的温度随高度增加而略有增加。

6.1.2 风的形成与类型

对流层在大气层的最低层,紧靠地球表面,其厚度大约为 10 至 20 千米。对流层的大气受地球影响较大,云、雾、雨等现象都发生在这一层内。水蒸气也几乎都在这一层内,还存在大部分的固体杂质。这一层的气温随高度的增加而降低,大约每升高 1000 米,温度下降 5～6℃;动、植物的生存,人类的绝大部分活动,也在这一层内。

1. 风的形成

风是地球上的一种自然现象,它是由太阳辐射热引起的。太阳照射到地球表面,地球表面各处受热不同,产生温差,从而引起底层大气的对流运动,形成风。

由于使空气产生温差的原因有所不同,因此也就有不同类型的风。

2. 季风

季风是由海陆分布、大气环流、大陆地形等因素造成的,以一年为周期的大范围空气对流现象,是随季节变化显著的风系,属于行星尺度的环流系统。图 6.1 是季风区地理分布图。

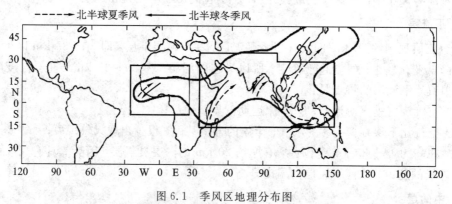

图 6.1　季风区地理分布图

现代气象学意义上季风的概念是 17 世纪后期由哈莱首先提出来的,即季风是由太阳对海洋和陆地加热差异形成的,进而导致了大气中气压的差异。夏季时,由于海洋的热容量大,加热缓慢,海面较冷,气压高,而大陆由于热容量小,加热快,形成暖低压,夏季风由冷洋面吹向暖大陆；冬季时则正好相反，冬季风由冷大陆吹向暖洋面。这种由于下垫面热力作用不同而形成的海陆季风也是最经典的季风概念。

到 18 世纪上半叶，哈得莱对季风模型进行了补充和修正。由于地球的自转效应，夏季当气流从南半球跨越赤道进入北半球时，由于地转偏向力的作用，气流会受到一个向右的惯性力作用，从而使夏季吹西南风。同样，冬季气流在向南运行的过程中向左偏，形成了东北风。图 6.2 表示了地球上风的运动方向。

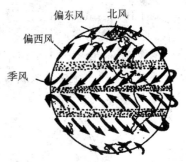

图 6.2　地球上风的运动方向

此外，受青藏高原的地形作用及其他因子的影响，东亚的季风比南亚地区更复杂。其中，夏季，南海——西太平洋热带东南季风，东亚大陆——日本副热带西南季风；冬季，30°以北为西北季风，以南为东北季风。

3. 海陆风

海陆风是由于海面与陆地温度变化不同引起的空气流动。

白昼时地表受太阳辐射而增温，由于陆地土壤热容量比海水热容量小得多，陆地升温比海洋快得多，因此陆地上的气温显著地比附近海洋上的气温高。大陆上的气流受热膨胀上升至高空流向海洋，到海洋上空冷却下沉，在近地层海洋上的气流吹向大陆，补偿大陆的上升气流，低层风从海洋吹向大陆称为海风。海风从每天上午开始直到傍晚，风力以下午为最强。图 6.3(a)是海风形成图。

(a) 白昼海陆风　　　　　　　　　(b) 夜间陆海风

图 6.3　海陆风形成图

夜晚时，情况相反，海水降温慢，海上气温高于陆地，就出现与白天相反的热力环流而形成低层陆风和铅直剖面上的陆风环流。海陆的温差，白天大于夜晚，所以海风较陆风强。如果海风被迫沿山坡上升，常产生云层。图 6.3(b)是陆风形成图。

海陆风的水平范围可达几十公里，垂直高度达 1～2 公里，周期为一昼夜。到了夜间，在较大湖泊的湖陆交界地，也可产生和海陆风环流相似的湖陆风。海风和湖风对沿岸居民都有消暑热的作用。在较大的海岛上，白天的海风由四周向海岛聚合，夜间的陆风则由海岛向四周辐散。因此，海岛上白天多雨，夜间多晴朗。例如，我国海南岛，降水强度在一天之内的最大值出现在下午海风聚合最强的时刻。

4. 山谷风

山谷风的形成原理跟海陆风类似，是由于山坡与山谷温度变化不同引起的空气流动。

白天，山坡接受太阳光热较多，成为一只小小的"加热炉"，空气增温较多；与山顶相同高度的山谷上空，因离地较远，空气增温较少。于是山坡上的暖空气不断膨胀上升，在山顶近地面形成低压，并在上空从山坡流向谷地上空，谷地上空空气收缩下沉，在谷底近地面形成低压，谷底的空气则沿山坡向山顶补充，这样便在山坡与山谷之间形成一个热力环流。下层风由谷底吹向山坡，称为谷风，图 6.4(a)是谷风形成图。

到了夜间，山坡上的空气受山坡辐射冷却影响，"加热炉"变成了"冷却器"，空气降温较多；而同高度的谷地上空，空气因离地面较远，降温较少。于是山顶空气收缩下沉，在近地面形成高压，冷空气下沉使空气密度加大，顺山坡流入谷地，谷底的空气被迫抬升，并从上面向山顶上空流去，形成与白天相反的热力环流。下层风由山坡吹向谷地，称为山风，图 6.4(b)是山风形成图。

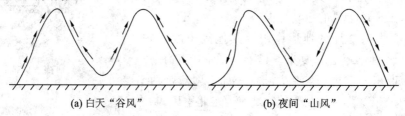

(a) 白天"谷风"　　　　　　　　(b) 夜间"山风"

图 6.4　山谷风形成图

谷风的平均速度约每秒 2~4 米，有时可达每秒 7~10 米。谷风通过山隘的时候，风速加大。山风比谷风风速小一些，但在峡谷中，风力加强，有时会吹损谷地中的农作物。

谷风所达厚度一般约为谷底以上 500~1000 米，这一厚度还会随气层不稳定程度的增加而增大，因此，一天之中，谷风以午后的伸展厚度为最大。山风厚度比较薄，通常只有300 米左右。

5. 城市风

城市风是由于城市热岛效应和街道狭谷效应共同作用所形成的大城市所特有的风。现代大、中城市中，因为工业生产和居民生活燃烧释放出大量热量、大气污染物集中以及城市建筑材料和结构的特点等原因，造成城乡间的热岛环流，使得风从周围乡村吹向城市，在系统风微弱的夜间尤为明显。它对城市风场、对流性天气、降水和干湿分布都有影响，形成市区许多特有的气候特征，并可把郊区工厂排出的大气污染物汇集到市区而使浓度增高。图 6.5 是城市风形成图。

图 6.5　城市风形成图

此外，在两侧高楼林立的街道，也可由于屋顶与"狭谷"内受热情况的差异而形成小尺度的"街道风"环流。街道风有时对该地及周围地区的风场结构会产生强烈的影响——风被引向地面，造成垂直下冲风。下冲风沿着建筑物的贴地面处刮去，猛烈地袭击街道，并在街道的拐弯处形成"尘卷风"和"龙卷风"，即旋风。

6.1.3　风的基本特征

1. 风速与风级

1）蒲氏风级

英国人蒲福平 1805 年根据风对地面（或海面）物体影响程度拟定了风的等级，自 0～12 共 13 个等级，称"蒲氏风级"。自 1946 年以来，风力等级作了某些修改，增到 18 个等级。表 6.1 是蒲氏风级、风速对照表，表中最大风速是从热带飓风中测到的数据，发生在南纬 45°附近，称之为咆哮西风。

表 6.1　蒲氏风级、风速对照表

风力等级	风的名称	风速（m/s）	风速（km/h）	海岸渔船象征	陆地状况	海面状况
0	无风	0～0.2	小于 1	静	静，烟直上	平静如镜
1	软风	0.3～1.5	1～5	寻常渔船略觉摇动	烟能表示风向，但风向标不能转动	微浪
2	软风	1.6～3.3	6～11	渔船张帆时，可随风移行每小时 2～3 km	人面感觉有风，树叶有微响，风向标能转动	小浪
3	微风	3.4～5.4	12～19	渔船渐觉簸动，可随风移行每小时 5～6 km	树叶及微枝摆动不息，旗帜展开	小浪
4	和风	5.5～7.9	20～28	渔船满帆时，倾于一方	能吹起地面灰尘和纸张，树的小枝微动	轻浪
5	清劲风	8.0～10.7	29～38	渔船缩帆（即收去帆之一部）	有叶的小树枝摇摆，内陆水面有小波	中浪
6	强风	10.8～13.8	39～49	渔船加倍缩帆，捕鱼需注意风险	大树枝摆动，电线呼呼有声，举伞困难	大浪
7	疾风	13.9～17.1	50～61	渔船停息港中，在海上下锚	全树摇动，迎风步行感觉不便	巨浪
8	大风	17.2～20.7	62～74	进港的渔船皆停留不出	微枝折毁，人向前行感觉阻力甚大	猛浪
9	烈风	20.8～24.4	75～88	汽船航行困难	建筑物有损坏（烟囱顶部及屋顶瓦片移动）	狂涛
10	狂风	24.5～28.4	89～102	汽船航行颇危险	陆上少见，见时可使树木拔起将建筑物损坏严重	狂涛
11	暴风	28.5～32.6	103～117	汽船遇之极危险	陆上很少，损毁力巨大	非凡现象
12	飓风	32.7～36.9	118～133	海浪滔天	陆上绝少，其摧毁力极大	非凡现象
13	飓风	37.0～41.4	134～149	—	陆上绝少，其摧毁力极大	非凡现象
14	飓风	41.5～46.1	150～166	—	陆上绝少，其摧毁力极大	非凡现象
15	飓风	46.2～50.9	167～183	—	陆上绝少，其摧毁力极大	非凡现象
16	飓风	51.0～56.0	184～201	—	陆上绝少，其摧毁力极大	非凡现象
17	飓风	56.1～61.2	202～220	—	陆上绝少，其摧毁力极大	非凡现象

2）IEC 风力分级

蒲氏风力分级多用于航海和气象学，在风电行业中使用的更多的是用于对某个地点风力进行表述的分级方式：IEC 风力分级，表 6.2 是 IEC 风级、风速对照表。

表 6.2　IEC 风级、风速对照表

风力等级	年平均风速（m/s）	50 年 10 分钟 最大风速（m/s）	50 年 3 秒钟 最大风速（km/h）	年平均 3 秒钟 最大风速（km/h）
Ⅳ	6	30	42	31.5
Ⅲ	7.5	37.5	52.5	39.375
Ⅱ	8.5	42.5	59.5	44.625
Ⅰ	10	50	70	52.5

需要注意的是，IEC 风力分级与蒲氏风力分级的表达方式正好相反：级别越高，风力越弱，这种分级表示的是一个地区风力资源的潜能，将某一地区一段时间内的风力进行平均，给出折算后的多个风速（m/s）评估值，用于衡量该地区的风力资源储藏量的大小。

3）风速最高纪录

飓风约翰是中太平洋有纪录以来的第三个五级飓风，创下该海域最高的风速纪录，达 280 千米/小时。1979 年 10 月 12 日，位于西北太平洋上的台风泰培中心风速达 306 千米/小时，最低气压 870 毫巴，环流宽 2174 公里，足以遮蔽半个美国。

地球表面最快的自然风速达到 372 千米/小时，这是 1934 年 4 月 12 日在美国新罕布尔什州的华盛顿山记录的，但是 1999 年 5 月在俄克拉荷马州发生的一次龙卷风中，研究人员测到的最快风速达到了 513 千米/小时。

2. 风向

1）风向的一般表示方法

气象上把风吹来的方向确定为风的方向。因此，风来自北方叫做北风，风来自南方叫做南风。风向的测量单位用方位来表示。图 6.6 是风向 16 方位图，是陆地上用于表示风向

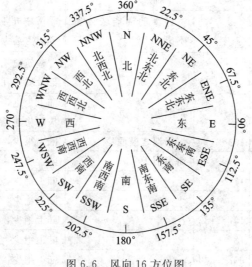

图 6.6　风向 16 方位图

的方法；海上多用 36 个方位表示；在高空则用角度表示。用角度表示风向，是把圆周分成360°，北风（N）是 0°（即 360°），东风（E）是 90°，南风（S）是 180°，西风（W）是 270°，其余的风向都可以由此计算出来。

为了表示某个方向的风出现的频率，通常用风向频率这个量，它是指一年（月）内某方向风出现的次数和各方向风出现的总次数的百分比。

2）风向玫瑰图

风向玫瑰图是根据某一地区多年平均统计的各个风向的百分数值，并按一定比例绘制，一般多用 8 个或 16 个罗盘方位表示，由于形状酷似玫瑰花朵而得名，通过它可以得知当地的主导风向。

最常见的风向玫瑰图是一个圆，圆上引出 16 条放射线，它们代表 16 个不同的方向，每条直线的长度与这个方向的风的频度成正比，静风的频度放在中间。因此风向玫瑰图也叫风向频率玫瑰图。

有些风玫瑰图上还指示出了各风向的风速范围或平均风速，如图 6.7 所示。

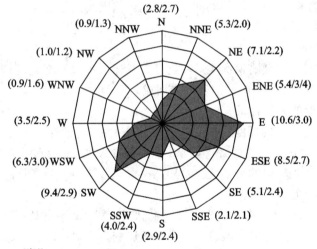

说明：
(1) 风向以16个方位法为划分；
(2) 方位边括号内的数据表示：(风向频率%/平均风速m/s)；
(3) 静风频率为24.4%

图 6.7　风向玫瑰图

（1）绘制方法：

① 掌握某地区气象台在一段时间内翔实的风向观测统计资料。

② 统计在这段时间内各种风向的频率。计算公式为

$$g_n = \frac{f_n}{\left(c + \sum_{n=1}^{16} f_n\right)} \tag{6.1}$$

式中：g_n 为 n 方向的风向频率；f_n 为这段时间内出现 n 方向风的次数；c 为静风次数。

③ 根据各个方向风的出现频率，以相应的比例长度从中心向对应风向方位作直线，再将各相邻方向的线段端点用直线连接起来，绘成一个形如玫瑰的闭合折线，就得到风向玫瑰图。

（2）判读方法：玫瑰图上所表示风的吹向，是指从外部吹向地区中心的方向，各方向上按统计数值画出的线段，表示此方向风频率的大小，线段越长表示该风向出现的次数越多。

图中线段最长者，即外面到中心的距离越大，表示风频越大，其为当地主导风向，外面到中心的距离越小，表示风频越小，其为当地最小风频。

3. 风切变

风向、风速在空中水平和（或）垂直距离上的变化称为风切变。

风切变主要由锋面（冷暖空气的交界面）、雷暴、逆温层、复杂地形地物和地面摩擦效应等因素引起。

1）风切变的分类

风切变常分为以下两种：

（1）风的水平切变（又称水平风切变）是风向和（或）风速在水平距离上的变化。

（2）风的垂直切变（又称垂直风切变）是风向和（或）风速在垂直距离上的变化。

垂直风的切变是垂直风（即升降气流）在水平或航迹方向上的变化。下冲气流是垂直风的切变的一种形式，呈现为一股强烈的下降气流。范围小而强度很大的下冲气流称为微下冲气流。

2）风切变的成因

产生风切变的原因主要有两大类，一类是大气运动本身的变化所造成的；另一类则是地理、环境因素所造成的，有时是两者综合而成。

（1）产生风切变的天气背景。

能够产生有一定影响的低空风切变的天气背景主要有三类：

① 强对流天气。这类天气通常指雷暴、积雨云等天气。在这种天气条件影响下的一定空间范围内，均可产生较强的风切变。尤其是在雷暴云体中的强烈下降气流区和积雨云的前缘阵风锋区更为严重。

② 锋面天气。无论是冷锋或暖锋均可产生低空风切变。不过其强度和区域范围不尽相同。这种天气的风切变多以水平风的水平和垂直切变为主（但锋面雷暴天气除外）。一般来说其危害程度不如强对流天气的风切变。

③ 辐射逆温型的低空急流天气。秋冬季晴空的夜间，由于强烈的地面辐射降温而形成低空逆温层的存在，该逆温层上面有动量堆集，风速较大形成急流，而逆温层下面风速较小，近地面往往是静风，故有逆温风切变产生。该类风切变强度通常更小些，容易被人忽视。

（2）地理、环境因素引起的风切变。

这里的地理、环境因素主要是指山地地形、水陆界面、高大建筑物、成片树林与其他自然的和人为的因素。这些因素也能引起风切变现象。

从空气运动的角度，通常将不同高度的大气层分为三个区域：离地面 2 m 以内的区域称为底层；2～100 m 的区域称为下部摩擦层，底层与下部摩擦层总称为地面境界层；从 100～1000 m 的区段称为上部摩擦层，上述三区域总称为摩擦层。摩擦层之上是自由大气。

地面境界层内空气流动受涡流、黏性、地面植物及建筑物等的影响，风向基本不变，但越往高处风速越大。各种不同地面情况下，如城市、乡村和海边平地，其风速随高度的变化如图 6.8 所示。

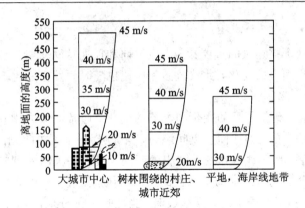

图 6.8 不同地面上风速和高度的关系图

关于风速随高度而变化的经验公式很多，通常采用如下指数公式：

$$v = v_1 \left(\frac{h}{h_1} \right)^n \tag{6.2}$$

式中：v 为距地面高度为 h 处的风速，m/s；v_1 为参考高度为 h_1 处的风速，m/s；h_1 为参考高度，m；h 为距地面的高度，m；n 为经验指数，它取决于大气稳定度和地面粗糙度，其值约为 $1/2 \sim 1/8$。

对于地面境界层，风速随高度的变化则主要取决于地面粗糙度。不同地面情况的地面粗糙度 α 如表 6.3 所示。此时计算近地面不同高度的风速时仍采用上述公式，只是用 α 代替式中的指数 n。

表 6.3　不同地面情况的地面粗糙度

地面情况	粗糙度 α
光滑地面、硬地面、大面积水域	0.1
草地	0.14
城市平地，有较高的草地，树木极少	0.16
高的农作物，篱笆、树木少	0.20
树木多，建筑物极少	0.22～0.24
森林、村庄	0.28～0.30
城市，有高层建筑	0.4

3）风切变的标准以及应用防范

我国目前针对飞行器运行安全制定了三个低空风切变标准：

（1）水平风的垂直切变强度标准；

（2）水平风的水平切变强度标准；

（3）垂直风的切变强度标准。

虽然目前我国在风能利用方面没有制定相关的标准，但风切变及其强度对风力发电站微观选址和风力发电机设计都会产生影响。由于在 $0 \sim 10$ m 范围水平风的垂直切变较大，因此在进行大型风力发电机塔架设计过程中，塔架的高度必须保证叶片在旋转时最低位置距地面 10 m 以上。

4. 风的变化

风向和风速是两个描述风的重要参数。但风向和风速这两个参数都是在变化的。风切变是风向和风速在空间上的变化,此外风向和风速也随时间发生变化。

1) 风随时间的变化

风随时间的变化,包括每日的变化和季节的变化。通常一天之中,风的强弱在某种程度上可以看作是周期性的。如地面上夜间风弱,白天风强;高空中正相反,是夜里风强,白天风弱。图 6.9 是在一座无线电铁塔上测得的不同高度处一天内的风速变化。

季风就是由季节变化所产生的全球性的风向与风速变化。我国大部分地区风的季节性变化情况是:春季最强,冬季次之,夏季最弱。当然也有部分地区例外,如有的沿海地区,夏季季风最强,春季季风最弱。

2) 风的随机性变化

风速是指变动部位的平均风速,如果用自动记录仪来记录风速,就会发现风速是不断变化的。通常自然风是一种平均风速与瞬间激烈变动的紊流相重合的风。紊乱气流所产生的瞬时高峰风速也叫阵风风速。图 6.10 表示了阵风和平均风速的关系。

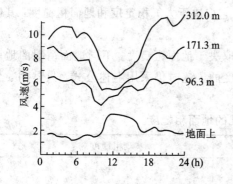

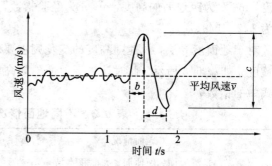

a—阵风振幅;b—阵风的形成时间;

c—阵风的最大偏移量;d—阵风消失时间

图 6.9　不同高度处风速随时间的变化测量图　　　图 6.10　阵风和平均风的关系速的关系图

5. 风频分布和分布函数

风速测量是确定年发电量和风机载荷的基础。风速数据为至少 10 min 的平均数据,风速测量要跨越完整的年度。在数据处理时,还要考虑到每年风速变化可能会很大。研究表明,年风能会波动 ±25%。图 6.11 表示 100 年间 5 年平均值的变化,风能波动范围是 −20%~+25%。

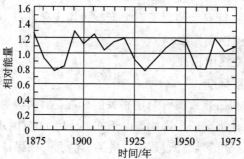

图 6.11　丹麦每 5 年一个周期的平均风速

1) 风频图

通过多年测量获取数据来评估风机及其发电量是不现实的。对风况条件的一个折中表达是风频分布。把风速按级分类，然后累计时间，如图 6.12 所示。原则上风级宽度为 1 m/s，计算出每一个风级出现的时间占总时间的比例。

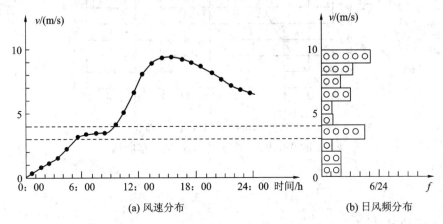

图 6.12　风速分布及其日风频分布

例如，风速 v_i 在总的测量时间 T 内占的时间长度为 t_i，则两个时间的比例称为相对频度。

$$h_i = \frac{t_i}{T} \qquad (6.3)$$

相对频度和风速的关系图就是风频图。风频图是用于估计风机的年发电量的。

2) 风速的分布函数

风速的概率分布适合于评估一个风场或一个地区的风况。一年的平均风功率为

$$P_a = \frac{1}{2}\,\frac{\rho}{8760}\int_{\text{年}} v^3\,\mathrm{d}t = \frac{1}{2}\,\frac{\rho}{8760}\int_0^\infty v^3 f(v)\,\mathrm{d}v \qquad (6.4)$$

$$f(v) = \left(\frac{\mathrm{d}t}{\mathrm{d}v}\right)_{\text{年}} = \frac{\mathrm{d}}{\mathrm{d}v}F \quad (v \leqslant v_1) \qquad (6.5)$$

式中：$f(v)$ 为风频分布函数（概率密度）；$F(\cdot)$ 为累计风频分布函数；v_1 为任一稳态风速。

风频分布函数 $f(v)$ 是稳态风速 v 的函数。当风速为 0 时，它必须为 0。风速增加，$f(v)$ 逐步达到最大值，然后随风速增加，$f(v)$ 逐步减小到 0。风频分布函数有 Gamma 分布、对数正态分布、倒高斯分布、平方正态分布以及 Weibull 分布，其中应用最为广泛的是 Weibull 分布函数。

图 6.13 表示 $A=7$、$k=2$ 的 Weibull 累积风频分布曲线。

对于累积风频分布，Weibull 分布函数的数学表达式为

$$F(v) = 1 - \exp\left[-\left(\frac{v}{A}\right)^k\right] \qquad (6.6)$$

Weibull 风频分布函数（概率密度）则为

$$f(v) = \frac{\mathrm{d}F}{\mathrm{d}v} = \frac{k}{A}\left(\frac{v}{A}\right)^{k-1}\exp\left[-\left(\frac{v}{A}\right)^k\right] \qquad (6.7)$$

式中：v 为 10 min 平均风速；A 为尺度因子；k 为形状因子。

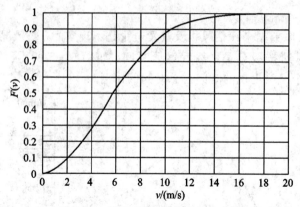

图 6.13　Weibull 累积风频分布曲线

图 6.14 表示 $A=7$，$k=2$ 的 Weibull 风频概率密度分布曲线。

由式(6.7)可算得：

$$v' = A\Gamma\left(1+\frac{1}{k}\right) \approx (0.9\pm0.01)A \tag{6.8}$$

式中：v' 为平均风速；Γ 为 Gamma 函数；

k 为则描述分布曲线的形状，风速波动小，则 k 值大，若波动大，则 k 值小。$k=2$ 的 Weibull 分布称为瑞利分布。

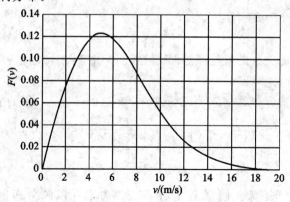

图 6.14　Weibull 风频概率密度分布曲线

图 6.15 表示均值相同的一族 Weibull 分布曲线，由图可见，k 值较小的分布中，高风速的概率较高。

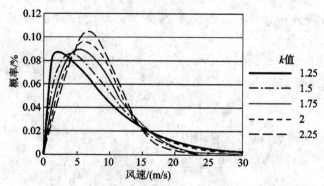

图 6.15　固定平均风速下不同 k 值对应的 Weibull 分布

6. "狭管效应"

当气流由开阔地带流入狭窄地形构成的峡谷时，由于空气质量不能大量堆积，于是加速流过峡谷，风速增大；当流出峡谷时，空气流速又会减缓。这种峡谷地形对气流的影响，称为"狭管效应"或"峡谷效应"。

在一些风速不高，但常年风速很稳定的地区可以利用"狭管效应"提高风速，实现低风速发电。

6.1.4　风能资源及其分布

1. 风能密度

风能是因空气流做功而提供给人类的一种可利用的能量。空气流主要依靠动能向外做功，因此空气流速越高，风能越大。风能的大小常用风能密度表示。

风能密度是气流在单位时间内垂直通过单位面积的风能，它是描述一个地方风能潜力的最方便最有价值的量，但是在实际当中风速每时每刻都在变化，不能使用某个瞬时风速值来计算风能密度，只有长期风速测量资料才能反映其规律，故引出了平均风能密度的概念。

1）平均风能密度

因为风速的随机性很大，用某一瞬时的风速无法来评估某一地区的风能潜力，因此我们将平均风速代入下式得出平均风能密度：

$$W = \frac{1}{T} \int 0.5\rho v^3 \, \mathrm{d}t = \frac{\rho}{2T} \int v^3 \, \mathrm{d}t \tag{6.9}$$

式中：W 为该 $0 \sim T$ 时间段内的平均风能密度，W/m^2；ρ 为空气密度（ρ 的变化可以忽略不计），kg/m^3；v 为对应 T 时刻的风速，m/s。

2）有效风能密度

在实际的风能利用中，并不是所有风速所对应的风能都能被利用，例如，$0 \sim 3$ 米的风速不能使风机启动，对应风能无法利用；而超过风机运行风速的大风又会给风机带来破坏，一般不能利用。我们除去这些不可利用的风速后，得出的平均风速所求出的风能密度称之为有效风能密度。

根据上述有效风能密度的定义得出计算公式：

$$W = \int_{v_1}^{v_2} 0.5\rho v^3 P(v) \mathrm{d}v \tag{6.10}$$

式中：v 为对应 T 时刻的风速，m/s；v_1 为启动风速，m/s；v_2 为停机风速，m/s；$P(v)$ 为有效风速范围内的条件概率分布密度函数。

3）年风能可利用时间

年风能可利用时间是指一年之中可以运行在有效的风速范围内的时间，它可由下式求得：

$$t = N \int_{v_1}^{v_2} P(v) \mathrm{d}v = N \int_{v_1}^{v_2} \frac{k}{c} \left(\frac{v}{c} \right)^{k-1} \exp\left[-\left(\frac{v}{c} \right)^k \right] \mathrm{d}v \tag{6.11}$$

式中：N 为全年的小时数，t；v_1 为启动风速，m/s；v_2 为停机风速，m/s；c、k 为威布尔分布的两个参数。

2. 世界风能资源分布

风能资源受地形的影响较大,世界风能资源多集中在沿海和开阔大陆的收缩地带,例如,美国的加利福尼亚州沿岸和北欧一些国家。世界气象组织于1981年发表了全世界范围风能资源估计分布图,如图6.16所示。该图给出了不同区域的平均风速和平均风能密度。但由于风速会随季节、高度、地形等因素的不同而变化,因此风的资源量只是一个推算估评。

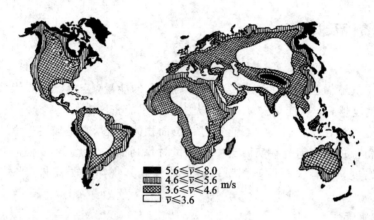

$5.6 \leqslant \bar{v} \leqslant 8.0$
$4.6 \leqslant \bar{v} \leqslant 5.6$　m/s
$3.6 \leqslant \bar{v} \leqslant 4.6$
$\bar{v} \leqslant 3.6$

图 6.16　世界风能资源分布图

地球上的风能资源十分丰富,根据相关资料统计(1981年),每年来自外层空间的辐射能为 1.5×10^{18} kW·h,其中的2.5%,即 3.8×10^{16} kW.h 的能量被大气吸收,产生大约 4.3×10^{12} kW·h 的风能。这一能量是1973年全世界电厂 1×10^{10} kW 功率的约400倍。其中,可利用的风能为 2×10^{10} kW,比地球上可开发利用的水能总量还要大10倍。

根据世界范围的风能资源图估计,地球陆地表面 1.07×10^{8} km² 中27%的面积年平均风速高于5 m/s(距地面10 m处),属于风能较易开发区域。表6.4给出了地面平均风速高于5 m/s 的陆地面积。这部分面积总共约为 3×10^{7} km²。

但根据最新研究成果表明,世界风能资源被低估了。斯坦福大学土木和环境工程系根据国家气象数据中心和预警系统实验室 1998—2002年的风速和温度数据,对7753个地面选址和446个(其中414个位于距地面高度为 80 ± 20 m处)空间观测点两种不同类型的数据进行比较,采用最小平方原理对全球风能资源进行了统计和计算,得出结果如下:

(1)全球范围内距离地面80米处的观测点中,有13%可以达到3级风以上,即风速为6.9 m/s,非常适合风能的采集利用。据保守估计,地表可利用风能被低估了19.8%。另外,在以前对风能的研究中均有些低估了风能资源在全球能源总资源中所占有的地位。

(2)全球范围内距离地面80米处的观测点中,平均风速将达到4.59 m/s,其中3级及以上风区地带风速可达到8.44 m/s。在距离地面10米处的观测点中,整体平均风速为3.31 m/s,3级及以上风区平均风速为6.53 m/s。

(3)在80米高处,海上比陆地上的观测点多90%,符合利用风能的要求。按在80米高度处6.9 m/s的风速来计算,全球风能可利用资源量为 7.2×10^{10} kW。即使只成功利用了其中的20%,依然相当于世界能源消费量的总和或电力需求的7倍。

表 6.4 世界陆地风资源分布

地 区	陆地面积/km²	风力为 3~7 级所占的面积/km²	风力为 3~7 级所占的面积比例/%
北美	19 339	7876	41
拉丁美洲和加勒比	18 482	3310	18
西欧	4742	1968	42
东欧和独联体	23049	6783	29
中东和北非	8142	2566	32
撒哈拉以南非洲	7255	2209	30
太平洋地区	21 354	4188	20
（中国）	9597	1056	11
中亚和南亚	4299	243	6
总计	106 660	29 143	27

3. 我国风能资源分布

1）我国风条件特点

我国位于亚洲大陆东部，濒临太平洋，季风强盛，内陆还有许多山系，地形复杂，加之青藏高原耸立我国西部，改变了海陆影响所引起的气压分布和大气环流，增加了我国季风的复杂性。冬季风来自西伯利亚和蒙古等中高纬度的内陆，那里空气十分严寒干燥，冷空气积累到一定程度，在有利高空环流引导下，就会爆发南下，俗称寒潮。每年冬季总有多次大幅度降温的强冷空气南下，主要影响我国西北、东北和华北，直到次年春夏之交才消失。夏季风是来自太平洋的东南风、印度洋和南海的西南风，东南季风影响遍及我国东部地区，西南季风则影响西南各省和南部沿海地区，但风速远不及东南季风大。热带风暴是太平洋西部和南海热带海洋上形成的空气涡漩，是破坏力极大的海洋风暴，每年夏秋两季频繁侵袭我国，登陆我国南海沿岸和东南沿海，热带风暴也能在上海以北登陆，但次数很少。

青藏高原地势高亢开阔，冬季东南部盛行偏南风，东北部多为东北风，其他地区一般为偏西风，夏季大约以唐古拉山为界，以南盛行东南风，以北为东至东北风。

2）我国风资源分布

我国幅员辽阔，风能资源丰富，根据全国 900 多个气象站将陆地上离地 10 m 高度资料进行估算，我国陆地上 10 m 高度风能资源总储量为 3.226×10^9 kW。根据最新的普查结果，我国陆上离地面 50 m 高度、风功率密度≥300 W/m² 的风能资源潜在开发量约为 2.38×10^9 kW。我国陆地上不同高度的风能资源潜在开发量如表 6.5 所示。

表 6.5 全国陆地上不同高度的风能资源潜在开发量（单位：×10⁸ kW）

高度/m	50	70	110
风功率密度≥300 W/m²	23.8	28.5	38

我国风资源分布如图 6.17 所示。

东南沿海及其附近岛屿是风能资源丰富地区，有效风能密度大于或等于 200 W/m² 的等值线平行于海岸线；沿海岛屿有效风能密度在 300 W/m² 以上，全年中风速大于或等于 3 m/s 的时数约为 7000～8000 h，大于或等于 6 m/s 的时数为 4000 h。

酒泉市、新疆北部、内蒙古也是我国风能资源丰富地区，有效风能密度为 200～300 W/m²，全年中风速大于或等于 3 m/s 的时数为 5000 h 以上，全年中风速大于或等于 6 m/s 的时数为 3000 h 以上。

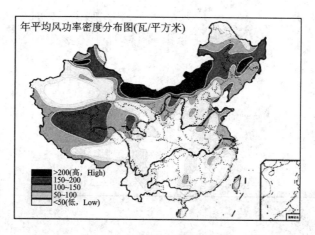

图 6.17　我国风资源分布图

黑龙江、吉林东部、河北北部及辽东半岛的风能资源也较好，有效风能密度在 200 W/m² 以上，全年中风速大于和等于 3 m/s 的时数为 5000 h，全年中风速大于和等于 6 m/s 的时数为 3000 h。

青藏高原北部有效风能密度在 150～200 W/m² 之间，全年风速大于和等于 3 m/s 的时数为 4000～5000 h，全年风速大于和等于 6 m/s 的时数为 3000 h；但青藏高原海拔高、空气密度小，所以有效风能密度也较低。

云南、贵州、四川、甘肃（除酒泉市）、陕西南部、河南、湖南西部、福建、广东、广西的山区及新疆塔里木盆地和西藏的雅鲁藏布江，为风能资源贫乏地区，有效风能密度在 50 W/m² 以下，全年中风速大于和等于 3 m/s 的时数在 2000 h 以下，全年中风速大于和等于 6 m/s 的时数在 150 h 以下，风能潜力很低。

根据全国气象台部分风能资料的统计和计算，我国风能分区及占全国面积的百分比如表 6.6 所示。

表 6.6　我国风能分区及占全国面积的百分比

指　　标	丰富区	较丰富区	可利用区	贫乏区
年有效风能密度（W/m²）	＞200	150～200	50～150	＜50
年≥3 m/s 累计小时数（h）	＞5000	4000～5000	2000～4000	＜2000
年≥6 m/s 累计小时数（h）	＞2200	1500～2200	350～1500	＜350
占全国面积的百分比（%）	8	18	50	24

据我国第三次风能资源普查，我国陆上风能资源技术可开发量约 2.97×10^8 kW，而海上风能储量是陆上的 3 倍。按我国风能协会和 WWF 的估算，离海岸线 100 km、中心高 100 m 范围内 7 m/s 以上风力给我国带来的潜在发电量为年均 110×10^{12} kW·h，与欧洲

北海的风电资源相当。

3）我国风电场建设情况

我国现有风电场场址的年平均风速均在 6 m/s 以上。一般认为,可将风电场风况分为三类:年平均风速 6 m/s 以上时为较好;7 m/s 以上为好;8 m/s 以上为很好。

我国风速在 6 m/s 以上的地区,在全国范围内仅仅限于较少数几个地带。就内陆而言,大约仅占全国总面积的 1/100,主要分布在长江到南澳岛之间的东南沿海及其岛屿,这些地区是我国最大的风能资源区以及风能资源丰富区,包括山东、辽东半岛、黄海之滨,南澳岛以西的南海沿海、海南岛和南海诸岛,内蒙古从阴山山脉以北到大兴安岭以北,新疆达坂城,阿拉山口,河西走廊,松花江下游,张家口北部等地区以及分布在各地的高山山口和山顶。我国建成的风力发电场分布情况如图 6.18 所示。

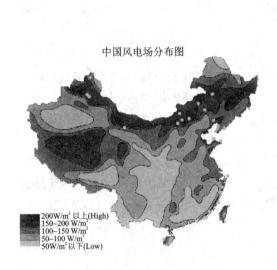

中国风电场分布图

200W/m² 以上(High)
150~200 W/m²
100~150 W/m²
50~100 W/m²
50W/m² 以下(Low)

	风电场	台数	容量(kW)	估计 年利用小时数
1	张北	24	9850	2500
2	朱日和	28	4200	2600
3	商都	17	3875	2400
4	锡林	4	1000	2600
5	辉腾锡勒	61	36100	2500
6	赤峰	9	6450	2600
7	东岗	26	12205	2000
8	横山	20	5000	2000
9	锦州	1	600	2100
10	仙人岛	9	5940	2000
11	通榆	11	7260	2200
12	荣成	3	165	2300
13	长岛	11	5510	2300
14	泗礁	10	300	2500
15	鹤顶山	19	10255	2100
16	括苍山	33	19800	2000
17	平潭	6	1055	2800
18	南澳	113	43280	2900
19	惠来	12	7200	2200
20	东方	19	8755	2100
21	玉门	4	1200	2200
22	达坂城 1 号	31	11500	2900
23	达坂城 2 号	116	59800	2900
24	布尔津	7	1050	2600
25	丹东	28	21000	2000
26	东山	10	6000	2800

图 6.18　我国风电场分布图

6.2　风　能　利　用

6.2.1　风能利用历史

1. 低效率风能利用时代

人类利用风能的历史可以追溯到公元前。古埃及、中国、古巴比伦是世界上最早利用风能的国家。公元前人们利用风力进行提水、灌溉、磨面、春米等工作,更是利用风帆推动船舶进行长途航行或运输货物。数千年来,风能技术发展缓慢,也没有引起人们足够的重视。在蒸汽机出现之前，风力机械是动力机械的一大支柱，其后随着煤、石油、天然气的大规模开采和廉价电力的获得，各种曾经被广泛使用的风力机械，由于成本高、效率低、使用不方便等，无法与蒸汽机、内燃机和电动机等相竞争，渐渐被淘汰。

我国是最早使用帆船和风车的国家之一。至少在三千年前的商代，我国就出现了帆船，公元前数世纪我国人民就利用风力提水，到了宋代更是我国应用风车的全盛时代，当时流行的垂直轴风车，一直沿用至今。我国沿海沿江地区的风帆船和用风力提水灌溉或制盐的做法，一直延续到 20 世纪 50 年代。1959 年仅江苏省就有木风车 20 多万台。到 60 年代中期主要是发展风力提水机。70 年代中期以后风能开发利用被列入"六五"国家重点项目，得到迅速发展。

在国外，公元前 2 世纪，古波斯人就利用垂直轴风车碾米。10 世纪伊斯兰人用风车提水，11 世纪风车在中东已获得广泛的应用。13 世纪风车传至欧洲，14 世纪已成为欧洲不可缺少的原动机。在荷兰风车先用于莱茵河三角洲湖地和低湿地的汲水，其风车的功率可达 50 马力，以后又用于榨油和锯木。到了 18 世纪 20 年代，在北美洲风力机被用来灌溉田地。

2. 现代的风能利用

到了 19 世纪末，丹麦人首先研制了风力发电机，开启了现代风能利用的新时代。1891 年，丹麦建成了世界第一座风力发电站。从 1920 年起，人们开始研究利用风力机作大规模发电。1931 年，在苏联的 Crimean Balaclava 建造了一座 100 kW 容量的风力发电机，这是最早商业化的风力发电机。

但自 1973 年世界石油危机以来，在常规能源告急和全球生态环境恶化的双重压力下，风能作为新能源的一部分才重新有了长足的发展。风能作为一种无污染和可再生的新能源有着巨大的发展潜力，特别是对沿海岛屿，交通不便的边远山区，地广人稀的草原牧场，以及远离电网和近期内电网还难以达到的农村、边疆，作为解决生产和生活能源的一种可靠途径，有着十分重要的意义。即使在发达国家，风能作为一种高效清洁的新能源也日益受到重视。

风力发电只是现代风能利用的一个方面，现代风能利用是指建立在低速空气动力学基础之上，以现代设计理论和制造方法为依托，以现代控制理论为辅助，对风能进行大规模、高效率商业开发利用的行为。

6.2.2　风能利用方法

1. 风力提水

风力提水从古至今一直得到较普遍的应用。至 20 世纪下半叶，为解决农村、牧场的生活、灌溉和牲畜用水以及为了节约能源，风力提水机有了很大的发展。风力提水作业成本低于电力水泵、柴油机水泵或牧畜提水的作业成本。现代风力提水机与传统风力提水机的主要区别有两点：

（1）现代风力提水机所采用的叶轮是依靠低速空气动力学相关理论进行设计的，具有更高的风能获取率；

（2）现代风力提水机的运行采用现代控制技术，可以做到按需工作，使整个系统有一个最佳的工作状态，并且可以节约水资源，延长风机和水泵的寿命。

现代风力提水机根据其用途可以分为两类：

（1）高扬程小流量的风力提水机，它与活塞泵相配汲取深井地下水，主要用于草原、牧区，为人畜提供饮水；

（2）低扬程大流量的风力提水机，它与水泵相配，汲取河水、湖水或海水，主要用于农田灌溉、水产养殖或制盐。

现代风力提水机根据其运作方式可以分为三类：

（1）由风力机直接驱动水泵进行提水作业，此类风力提水机系统结构简单、效率高、故障率低，可以做到免维护，但系统对天气依赖严重，常常在炎热干旱的时间因为风速过低而无法工作。

（2）首先依靠风力发电机将风能转化成电能，再将电能储存在蓄电池中，当需要提水时，通过逆变器将蓄电池的直流电转化成交流电，驱动水泵进行提水作业。此类风力提水机系统结构较复杂，成本较高，效率较低，需要定期维护，但该系统的最大优点就是使用灵活，对天气依赖少，几乎在需要工作的任何情况下都能进行提水作业。

（3）现在最新的风力提水系统也保留了发电机和蓄电、逆变部分，在系统中通过一个双向离合器完成风力机动力与发电机、水泵之间的切换。当风况较好又需要提水时，通过双向离合器的动作，将风力机与水泵直接相连完成提水作业；如果风况较好而又不需要提水时，系统根据蓄电池蓄电量确定双向离合器是否将风力机与发电机相连，如果蓄电池电量不足，则发电机与风力机相连，向蓄电池充电；当风况不好而又需要提水时，通过逆变器将蓄电池的直流电转化成交流电，驱动水泵进行提水作业。

2. 风力发电

利用风力发电已越来越成为风能利用的主要形式，受到各国的高度重视，而且发展速度最快。风力发电通常有三种运行方式：

（1）独立运行方式。通常是一台小型发电机（一般小于 5 kW）向一户或几户提供电力，它用蓄电池蓄能，以保证无风时的用电。

（2）微网运行方式。通常是风力发电（一般为小型机或中型机，功率从几十千瓦到几百千瓦）与其他发电方式（如柴油机发电）相结合，向一个单位或一个村庄或一个海岛供电。

（3）并网运行方式。通常是风力发电（一般为大功率中型机或大型机）并入常规电网运行，向大电网提供电力。常常是一处风场安装几十台甚至几百台风力发电机，功率从几兆瓦到几百兆瓦，这是风力发电的主要发展方向。

3. 风帆助航

远洋运输是运输成本最低的一种运输方式，随着发展中国家远洋运输业的蓬勃兴起，这一行业的竞争变得更为残酷。为提高本国远洋运输的竞争能力，各国在各个方面开发潜力降低运营成本，提高服务质量，在这个背景下风帆助航又受到了重视。

风帆助航是人类最早利用风能的方式，已有上千年的历史。现代风帆助航与传统风帆助航相比较，在风帆的使用上采用了更多的现代测控技术。通过对风帆的合理应用，实现风帆驱动和内燃机螺旋桨驱动之间的合理匹配，在节约燃油和提高航速方面起到了重要的作用。现在已经有部分万吨级货船采用了电脑控制的风帆助航技术，航行节油率达到了 15％。

4. 风力致热

风力致热是一种新型的风能利用方式。随着人民生活水平的提高，家庭用能中热能的需要越来越大，特别是在高纬度的欧洲、北美取暖、煮水是耗能大户。为了解决家庭及低品位工业热能的需要，风力致热有了较大的发展，一般风力致热效率可达 40％。目前，风力致热进入实用阶段，主要用于浴室、住房、花房、家禽、牲畜包、房等的供热采暖。

风力致热有四种：液体搅拌致热、固体摩擦致热、挤压液体致热和涡电流法致热。

1）液体搅拌致热

液体搅拌致热是在风力机的主轴上连接一搅拌转子，转子上装有搅拌叶片，将搅拌转子置于装满液体的搅拌罐内，罐的内壁为定子，也装有叶片，当转子叶片旋转时，液体就在定子叶片与转子叶片之间作涡流运行，通过液体分子之间的摩擦将机械能转换为热能，如此慢慢使液体变热，就能得到所需要的热能。这种方法可以在任何风速下运行，比较安全方便，磨损小。

2）固体摩擦致热

固体摩擦致热是在风力机的主轴上安装一组盘形转子器件，在每个转子上通过铰链安装若干个摩擦致热块，利用离心力控制摩擦致热块与摩擦定子之间的正压力，使摩擦致热块与摩擦定子之间发生摩擦，同时又不会将风力机制动。用摩擦产生的热去加热油，然后用水套将热传出，即得到所需的热。这种方法比较简便，但是关键在于摩擦致热元件的材质，要选择合适的耐磨材料，防止磨损过快。

3）挤压液体致热

挤压液体致热这种方法要利用液压泵和阻尼孔来进行致热，当风力机带动液压泵工作时，将液体工质（通常为油料）加压，使机械能转化为液压能，再让被加压的工质从狭小的阻尼孔高速喷出，使其迅速射在阻尼孔后尾流管中的液体上，于是发生液体分子间的高速冲击和摩擦，这样就使液体发热。

4）涡电流法致热

涡电流法致热靠风力机主轴驱动一个转子，在转子外缘与定子之间装上磁化线圈，当微弱电流通过磁化线圈时，便产生磁力线。当转子旋转切割磁力线，即产生涡电流，并在定子和转子之间生成热。这就是涡电流致热。为了保持磁化线圈不被烧坏，可在定子外加一环形冷却水套，不断把热带走，于是人们就能得到所需要的热水，这种致热过程主要是机械转运，磁化线圈所消耗的电量很少，而且足以从由风力发电充电的蓄电池获得直流电源，因此不同于电加热，风能转换效率较高。

6.2.3　风能利用的特点

1. 风能利用的优点

风能作为一种最有发展潜力的新型能源，它的开发利用可以减少对传统化石能源的使用量和依赖。除此以外，风能利用还有以下特点：

（1）风能为洁净的能量来源，在使用过程中对环境影响小，据部分研究机构研究，风力发电对环境产生的影响小于大型水力发电对环境的影响；

（2）风能设施多为立体化设施，占用土地量较少，可保护耕地和生态，再者风能条件较好的地区，人类居住较少，因此基本不与人类争夺土地；

（3）风能利用理论研究获得较多成果，风能利用率不断提高，风力提水、风力发电和风力致热三种风能利用方式的风能利用率均达到 40% 以上；

（4）风能设备、设施日趋进步，发电成本不断下降，在 2005 年风力能源的成本已降到 1990 年代时的五分之一。在部分地区风力发电成本已低于其他新型能源的发电成本，接近火电发电成本。

2. 风能利用的限制及弊端

尽管近几年风能利用发展十分迅速，商业化程度和发展规模均处于各种可再生能源首位，但风能利用存在一些限制及弊端。其主要表现有如下五点：

（1）风速不稳定，产生的能量大小不稳定，这使得风能利用的可靠性下降；

（2）风能利用受地理位置限制严重，大多风能条件较好的地区，人类居住较少，对能源需求也较少；

（3）风能的转换效率较低，还有待进一步提高；

（4）风力机噪声较大；

（5）风能利用可能干扰鸟类的活动。

第7章　风力发电技术简介

风力发电技术作为一门学科发展时间并不算长,是一门新兴学科,也是一门交叉学科,涉及的学科比较繁杂。风力发电技术可以分为以下四个领域:项目规划、风力发电机的设计与制造、风力发电设备运输与风电场建设和风电场运行与维护。

7.1　风电场项目规划

风力发电站建设是一种商业行为,因此也和其他商业项目相同,需要进行项目规划,但风电项目规划又与一般商业项目有很大的区别,它对专业技术的依赖程度更高,规划周期更长。

风电场项目规划涉及气象学、测量学、空气动力学、地质学、环境保护、经济学等多个学科,具体内容包括风场宏观选址、风场测量与风能评估、风机选型与布置(微观选址)和风场项目经济分析四部分。

7.1.1　风场宏观选址

风场宏观选址的目的就是初步选择用于建设风力发电站的场地,属于项目前期规划。风电场宏观选址过程是从一个较大的地区,通过对资源、地形、交通、联网条件等多方面进行综合考察后,选择一个风能资源丰富、具有开发价值的小区域的过程。宏观选址的具体工作包括以下几个方面。

1) 风资源初步勘察

建设风电场最基本、最重要的条件是要有较为丰富的风能资源。区域的初步甄选是根据已有的风能资源分布图及其他有关风能资源评估成果,从一个相对较大的区域中筛选较好的风能资源区域,并结合现场勘察,调研了解地形地貌、现场加密测风资料以及树木变形等标志物,在五万分之一地形图上确定具有风电开发价值的场址范围。一般来说,风功率密度等级达到3级及以上的区域具备风电开发价值。

2) 地形、地质条件勘察

不同的地质条件对基础和塔架的设计要求不同,同时也会对风场建设施工产生影响。在地质条件方面应尽量选择地震烈度小、地质灾害少、工程地质和水文地质条件较好的场址。作为风电机组基础持力层的岩层或土层应厚度较大,变化较小,土质均匀,承载力能满足风电机组基础的要求。

地形复杂,不利于设备的运输、安装和管理,装机规模也受到限制,难以实现规模开发,场内交通道路投资相对也大。场址选择时在主风向上要求尽可能开阔、宽敞,障碍物尽量少,粗糙度低,对风速影响小。另外,应选择地形比较简单的地方,以利于大规模开发及设备的运输、安装和管理。

3）极端天气条件勘察

在设计风电场的时候，极端天气气候是造成风电机组和电场破坏的主要原因，因此极端天气气候是风能资源开发必须首先研究的关键问题。在选址时尽量避免强沙尘暴、台风、低温、雷击、积冰等灾害天气频发的地区，实在无法避开时，在设计时应充分考虑极端天气条件的影响，将危害减到最小。

4）交通运输条件勘察

风能资源丰富的地区一般在比较偏远的地区，如山脊、戈壁滩、草原、海滩和海岛等，部分场址需要拓宽现有道路并新修部分进场道路以满足设备的运输。在风电场选址时，应了解候选风电场周围交通运输情况，设备供应运输是否便利，运输路段及桥梁的承载力是否适合风力发电机组运输要求等。风电场的交通方便与否，将影响风电场建设和投资。

对于风况相似的场址，尽量选择那些离现有公路较近，对外交通方便的场址，以利于减少配套道路的投资。

5）并网条件勘察

场址选择应尽量靠近合适电压等级的变电站或电网，应考虑电网现有容量、结构及其可容纳的最大容量。甘肃省近几年大力发展风力发电，一个重要的因素就是我国西电东输的电网从甘肃省经过，电网有足够的容量接纳风电发电容量。

6）装机规模规划

为了降低风电场造价，风电场工程投资中，对外交通以及送出工程等配套工程投资所占比例不宜太大。在风电场规划选址时，应根据风电场地形条件及风况特征，初步拟定风电场规划装机规模。风电场选址时应尽量选择那些具有较大装机规模的场址，形成规模效益。

7）其他条件勘察

风电场选址时应注意与附近居民、工厂、企事业单位（点）保持适当距离，尽量减小噪音污染；应避开自然保护区、珍稀动植物地区以及候鸟保护区和候鸟迁徙路径等。另外，候选风电场场址内树木应尽量少，以便在建设和施工过程中少砍伐树木。

风电场工程建设用地应本着节约和集约利用土地的原则，尽量使用未利用土地，少占或不占耕地，并尽量避开省级以上政府部门依法批准的需要特殊保护的区域。场址不压覆已查明的重要矿产资源，不涉及采矿权、探矿权设置单元；不涉及自然保护区和风景名胜区、军事用地和设施。

7.1.2　风场测量与风能评估

当初步确定了风场的位置就要对风场内风况和可利用风能分布进行详细研究与评估。风场风况是指风速分布和风向分布情况（时间和空间）。现在对风场内风况和可利用风能分布情况有两种评估方式：

（1）利用风场及周围地区现有气象资料和地形资料，通过专用软件进行推演计算得到评估结果；

（2）在风场内设置测风塔（站）进行实地测量，再通过专用软件进行计算得到评估结果。第一种方式的优点是快速、高效，但如果气象站点距离较远，其推演精度就会降低，从而影响投资的回报率，延长投资回收年限，因此较少单独使用。

1. 风场测量

风电场风速、风向资料是风电场选址的最为重要的参考量。同时，风场测量也为以后风电机组的设计计算提供原始资料。现在常见的测量站点是塔式测量站，常称为测风塔，随着激光测量技术和多普勒雷达的应用，现在出现了无塔测量站。风场测量不同于气象学中的测量，除了对风速、风向随时间的变化进行测量以外，还要对风能在垂直方向的分布进行测量。

在进行风场测量时一般要注意以下三点：

1）测风塔位置和数量

测风塔安装点应在风电场中有代表性，并且周围开阔；测风塔安装点靠近障碍物如树林或建筑物等对分析风况有负面影响，选择安装点时应尽量远离障碍物。如果无法避开，则要求测风点至障碍物的距离大于 10 倍障碍物的高度。

测风塔数量应满足风电场风能资源评价的要求，并依据风场地形复杂程度而定。对地形复杂的风电场，测风塔的数量应适当增加。同时随着现有风力发电机高度越来越高，测风塔的高度也在不断增高。

2）数据测量

测量风速、风向时，采样时间间隔应不大于 3 秒，并自动计算和记录每 10 分钟的平均风速和风向，每 10 分钟的风速标准偏差，每 10 分钟内极大风速及其对应的时间和方向；风向采用度来表示；也可以采用 16 区域表示。

温度和大气压力每 10 分钟采样一次并记录。

3）数据收集与整理

现场测量收集数据应至少连续进行一年，并保证采集的有效数据完整率达到 90％以上。不得对现场采集的原始数据进行任何的删改或增减，并应及时对下载数据进行复制和整理。

每月收集数据后应对收集的数据进行初步判断，判断数据是否在合理的范围内；判断不同高度的测量记录相关性是否合理；判断测量参数连续变化趋势是否合理。发现数据缺漏和失真时，应立即认真检查测风设备，及时进行设备检修或更换，并应对缺漏和失真数据说明原因。

2. 风能资源评估

风资源评估首先是对风场测风获得的原始数据进行检查，数据的时间顺序应符合预期的开始结束时间，中间应连续；根据不同高度的测量记录进行相关性比较，判断其是否合理；对各测量参数检验其连续变化情况，判断其变化趋势是否合理。对缺测的数据和不合理的数据，用备用同期记录数据替换；如无备用同期记录数据，根据风电场附近气象站、海洋站等长期测站观测数据，用相关分析的方法对测风数据进行订正。经过适当处理，整理出一套连续一年完整的风场逐小时测风数据。

第二步是根据数据处理形成的各种参数，对风电场风能资源进行评估，以判断风电场是否具有开发价值。在评估报告中要对风功率密度、风向频率及风能密度的方向分布、风速的日变化和年变化、湍流强度和特殊天气条件进行详细的表述。

风资源评估将作为最为重要的数据之一用于风电场项目预可行性报告和可行性报告的

编制。

7.1.3　风场项目经济分析

风电项目首先是商业项目，赚取利润是首要目的。风电场项目经济分析并不是一步就能分析完成的，而是在风电项目不同阶段分步完成的。

首先是根据风电场风能资源评估报告进行年发电量的初步分析，建立初步的风资源经济分析报告。此报告主要用于风电场项目预可行性和可行性评估。

在进行风场微观选址时，根据风电机组的型号和风电机组的位置对风场年发电量进行精算，确定合理的或最优的风电机组型号选型和风电机组位置的排布，同时也确定准确的风场平均年发电量。

风电项目的经济性除受到风场平均年发电量的影响外，风电机组及周边设备成本和运营成本也影响到项目的盈利水平。风电机组及周边设备折旧成本占风电成本的 50% 以上，因此风电机组及周边设备国产化率的提高是风电成本下降的主要途径。风电场后期维护和管理是国内设备厂商具有较大优势的领域。

由于风电项目是否能有利润，除了要看风能储备、建设费用和运营成本以外还受到政府政策的影响，因此上网电价在很大程度上决定了风电场项目的盈利水平。近几年地方风电投资热情高涨，上网电价普遍高于特许招标项目，目前用国产化率较高的风电机组投入运营，在风能资源较好的地区，发电成本低于 0.5 元/kW·h，运营环节的盈利基本得到保证。

风电开发的社会效益大于经济效益，风电运营盈利水平大幅提升的可能性不大，但保证一定的投资回报率已经成为可能，这对地方风电投资将起到促进作用。

7.1.4　风场微观选址(风机选型与布局)

当风电场项目得到相关部门的核准后，就进入到项目正式规划设计阶段。微观选址就是根据地形条件和风能资源分布进行风机选型和风机布点工作，使整个风电场具有较好的经济效益。国内外的经验教训表明，风电场微观选址的失误造成的发电量损失和增加的维修费用将远远大于对场址进行详细调查的费用。因此，风电场的微观选址对风电场的建设至关重要。微观选址通常采用 WASP 软件，输入风能、气象、地形、地貌等各种数据，经过计算机的复杂计算来完成。微观选址不可忽视，如果选址不当，两台相邻 200 m 的风机，其输出功率可能相差 25% 以上。

1. 风机选型

1) 风机选型的技术分析

按照现行变桨风力发电机的最大功率捕获原理，在风力发电机从切入风速到额定风速这一过程中，通过变桨控制可以实现风力发电机工况的最优化，从实际风速分布统计情况来看，风力发电机运行得最多的时段也基本上是集中在这一工况下，且这一工况下的出力为最多。

由于海上风速分布比较理想，因此海上风电机组单机容量越大越好，而陆地风力发电机却不能一味求大，单机功率过大的风力发电机即使采用较多先进技术，整机性能依然不佳。

2）风机选型的主要经济指标分析

对风机选型时，既要做到风机选型满足风电场的技术要求，也要考虑设备价格波动对风电投资所产生的影响。

在风电项目固定资产投资中，风机选型对投资影响最大，风机选型及其组合方案与风电项目规模的关联性是最主要的因素。现阶段，风机根据单机功率的划分，遵循的是一个由小到大的发展路线，在一个系列产品中，单机功率较小的比较大的风力发电机研发要早，产品更成熟。所以，一些单机功率稍小但国产化多年且逐步成熟稳定的风力发电机，尽管风能利用效率理论上比不上同系列的大级别风力发电机，但由于其已经成熟、运行相对稳定，其可利用率反而更高，而且其价格更有竞争力，具有较高的性价比。

2. 微观选址的基本原则

（1）尽量集中布置，充分利用土地，降低工程造价，降低场内线损；

（2）合理设置风机间距，尽量减小风电机组之间的尾流影响；

（3）避开障碍物的尾流影响区。

3. 发电量估算

在初步完成风机选型与布局后，根据风电场地形条件、地貌特征和风能资源情况估算风电场发电量。在扣除空气密度影响、湍流影响、尾流影响、叶片污染、风电机组可利用率、电场用电和线损、气候导致停机等各种损耗后，风电场年等效满负荷小时数超过 2000 小时才具备较好的开发价值。风电场年发电量是用于计算风电场年净上网发电量的基础数据。风电场年净上网发电量是风电场每年在与电网并网点处送出的电量总数。

发电量估算常利用风能资源评估专业软件，结合风电场风况特征和风电机组功率曲线，计算各风电机组标准状态下的理论年发电量。而用于计算的功率曲线必须是由风电机组厂家所确认的。

7.2　风力发电机组的设计、制造

7.2.1　风力发电机组的设计

风力发电机组是风力发电技术的核心，其性能的优劣直接影响到人们对风能利用的热情和信心。风力发电机组的设计内容可以简单地分为六个部分：整体设计、叶片设计、主传动系统设计、机舱塔架与基础设计、发电机与变电系统设计和控制与保护系统设计。

风力发电机组是一个涉及多学科的复杂系统，由于风力发电机组类型繁多，不同类型的风力发电机结构和设计内容各有不同，但不论是何种风力发电机组，叶片设计和控制系统设计都是两大难点。

1. 整体设计（概念设计）

风力发电机组的整体设计主要分为风机类型选择和整体参数确定两部分。

风力发电机组的类型繁多，不同类型，其结构往往不同，设计内容也就有所区别。兆瓦级风力发电机现在有三种常用类型：齿轮箱式双馈异步风力发电机、小齿轮箱式双馈异步风力发电机和直驱式永磁同步风力发电机，这三类风力发电机的其他技术与结构基本一致。

风力发电机组整体参数主要包括以下内容：设计风速、叶尖速比、风机功率、叶轮直径，主轴中心高度。

2. 叶片设计

叶片的设计涉及空气动力学、复合材料、结构力学和复合处理技术等学科。

据统计，风机的成本比例中，风机叶片的成本占整机的 28%，其制造成本和叶片的质量是成三次方关系。在满足风机叶片出力要求的前提下，减小叶片尺寸和质量是叶片优化的主要工作之一。

叶片设计可以分为以下几个步骤进行：

（1）根据叶轮直径确定叶片的结构，即叶片由几种翼型组成，具体如何分布，不同翼型之间如何过度；

（2）翼型选择，从大量的翼型数据中根据设计风速、叶尖速比系数以及风场风速变化分布选择几种翼型进行计算，确定具有较优升阻比的翼型，并用于叶片设计；

（3）叶片建模与分析，有合适的翼型以及叶片结构就可以建立三维数字模型，通过气动软件仿真分析，对设计方案进行修正，确保叶片在整个工作风速范围内性能最优或局部最优；

（4）风洞实验测试，如果有条件应该对将投入使用的叶片进行风洞实验测试，因为不论是翼型选择还是叶片建模仿真分析软件，其计算模型都忽略了一些对叶片性能产生影响的因素，只有通过风洞实验测试才能对叶片的实际性能有一个正确的认识。

3. 主传动系统设计

传动系统的设计涉及力学、机械设计理论和机械工程学等学科。

大型风力发电机组的主传动系统包括传动轴系、联轴器、齿轮箱、离合器和制动器等。大型风电机组的特殊环境和使用工况条件，对传动装置提出了不同寻常的要求，而大量的不确定因素，如外部动载荷和变化多端的叶轮、电网异常载荷的作用、机舱刚性不足引起的强烈振动、只能通过估算和模拟得到载荷谱以及极限载荷分布等，都是传动装置必须考虑的重大问题。

大型风力发电机组主传动齿轮箱位于叶轮和发电机之间，是一种在无规律变向载荷和瞬间强冲击载荷作用下工作的重载齿轮增速传动装置。齿轮箱是风电机组传动轴系中一个最重要而又是最脆弱的部件。

很显然，在狭小的机舱空间内减小部件的外形尺寸和减轻重量十分重要，因此齿轮箱设计必须保证在满足可靠性和预期寿命的前提下，使结构简化并且重量最轻，同时也要考虑便于维护的要求。根据机组提供的参数，按照排定的最佳传动方案，选择稳定可靠的结构和具有良好力学特性以及在环境极端温差下仍然保持稳定的材料，建立三维模型，通过仿真分析进行优化。

在进行建模时要充分考虑以下因素：恶劣的环境条件（如极端温度、湿度、沙尘等），多变的风况（如风向、风速、风暴、湍流等）；频繁的启动和制动、停机和紧急停机，前叶轮和后电机突变载荷冲击；传动链动态设计和载荷分配；高功率密度、大速比增速传动的特点；零部件设计和材料特性要求；冷却、润滑条件；抗点蚀、抗疲劳损坏要求；噪声和振动；长寿命要求等。

从建立简化的传动系统模型入手，模拟实际工况，分析载荷与各组成件的刚度的关系。运用有限元、断裂力学等工具计算系统的动态特性并分析各级模态振型和频率，从而改进传动链布置。采取措施减少齿轮传动误差，减少啮合力，优化齿形参数，避开系统共振响应点。

载荷谱和极限载荷是齿轮箱的设计计算基础。载荷谱应当体现出齿轮箱在其设计使用寿命内的整个运行过程中所承受的所有负荷。包括安装地的正常运行负荷和由极限风速或三维湍流工况引起的最高运行负荷，以及由于突然调距或叶梢展开或机械制动等原因引起的瞬时峰值负荷。

4. 机舱、塔架与基础设计

机舱、塔架与基础的设计涉及地质学、空气动力学、结构力学、结构动力学等学科。

机舱是用于容纳风机传动系统、发电机等部件的结构，在设计时一方面要保证机舱内有足够的空间用于安放各类部件，并留出维护人员所需的检测与维修空间，另一方面，由于机舱处于高空中，将承受较大的风载，因此要通过对机舱尺寸与形状的优化实现风载最小化。

由于水平轴风力发电机的结构特点——部件上置，使得塔基成为风力发电机中最为重要的部件。塔架设计难度相对较低，但塔架结构的优化，可以明显地降低机组的重量和成本。

随着风电机组的大型化和海上风力发电技术的发展，混凝土塔架重新引起了人们的重视。

在陆地上建造风电场，风力机的基础一般为现浇钢筋混凝土独立基础，其型式主要取决于风电场工程地质条件、风力机机型和安装高度、设计安全风速等。

5. 控制与保护系统设计

控制与保护系统的设计则广泛地涉及电器工程学、控制工程学、力学、机械设计理论等学科。

控制与保护系统主要分为两个部分：电气测控部分和执行部分。

电气测控部分包括现场风力发电机组控制单元、高速环形冗余光纤以太网、远程上位机操作员站等部分。现场风力发电机组控制单元是每台风机控制的核心，实现机组的参数监视、自动发电控制和设备保护等功能；每台风力发电机组配有就地 HMI 人机接口以实现就地操作、调试和维护机组；高速环形冗余光纤以太网是系统的数据高速公路，将机组的实时数据送至上位机界面；上位机操作员站是风电厂的运行监视核心，并具备完善的机组状态监视、参数报警，实时/历史数据的记录显示等功能，操作员在控制室内实现对风场所有机组的运行监视及操作。

风力发电机组控制单元是每台风机的控制核心，分散布置在机组的塔筒和机舱内。由于风电机组现场运行环境恶劣，对控制系统的可靠性要求非常高，而风电控制系统是专门针对大型风电场的运行需求而设计的，应具有极高的环境适应性和抗电磁干扰等能力。

风电控制系统的现场控制站包括：塔座主控制器机柜、机舱控制站机柜、变桨距系统、变流器系统、现场触摸屏站、以太网交换机、现场总线通讯网络、UPS 电源、紧急停机后备系统、安全链回路、气象系统等。

执行部分包括液压系统、电动变桨距系统、增速齿轮箱系统和偏航控制系统。

机组的液压系统用于偏航系统刹车、机械刹车盘驱动。机组正常时，需维持额定压力区间运行。液压泵控制液压系统压力，当压力下降至设定值后，启动油泵运行，当压力升高至某设定值后，停泵。

变桨距系统包括每个叶片上的电机、驱动器以及主控制 PLC 等部件，该 PLC 通过 CAN 总线和机组的主控系统通讯，是风电控制系统中桨距调节控制单元，变桨距系统有后备 DO 顺桨控制接口。桨距系统的主要功能如下：紧急刹车顺桨系统控制，在紧急情况下，实现风机顺桨控制。通过 CAN 通讯接口和主控制器通讯，接受主控指令，桨距系统调节桨叶的节角距至预定位置。

齿轮箱系统用于将风轮转速增速至双馈发电机的正常转速运行范围内，需监视和控制齿轮油泵、齿轮油冷却器、加热器、润滑油泵等。当齿轮油压力低于设定值时，启动齿轮油泵；当压力高于设定值时，停止齿轮油泵；当压力越限后，发出警报，并执行停机程序。齿轮油冷却器/加热器控制齿轮油温度：当温度低于设定值时，启动加热器，当温度高于设定值时停止加热器；当温度高于某设定值时，启动齿轮油冷却器，当温度降低到设定值时停止齿轮油冷却器。润滑油泵的控制功能是，当润滑油压低于设定值时，启动润滑油泵，当油压高于某设定值时，停止润滑油泵。

根据当前的机舱角度和测量的低频平均风向信号值，以及机组当前的运行状态、负荷信号，调节 CW(顺时针)和 CCW(逆时针)电机，实现自动对风、电缆解缆控制。

自动对风：当机组处于运行状态或待机状态时，根据机舱角度和测量风向的偏差值调节 CW、CCW 电机，实现自动对风。(以设定的偏航转速进行偏航，同时需要对偏航电机的运行状态进行检测。)

自动解缆控制：当机组处于暂停状态时，如机舱向某个方向扭转大于 720°时，启动自动解缆程序，或者机组在运行状态时，如果扭转大于 1024°，即实现解缆程序。

6. 发电机与并网系统设计

发电机与并网系统的设计涉及电磁学、电机学、电器工程学、电力电子和并网技术等学科。

风电机组中的异步发电机技术比较成熟，其设计也很规范，而永磁同步发电机虽然已经使用了一段时间，但随着风机功率的不断提高，其配置方式、结构优化等任务越来越重要，也越来越艰巨。

并网系统的功能主要是将风机所发电能通过调压、调相、有功无功调节等处理后，接入电网，并在接入电网过程中减小风电对电网的影响。

7.2.2　风力发电机组的制造组织方式

风力发电机的机械部件大多数尺寸较大，因此在生产过程中对加工设备的要求较高，现在国内外大型风电机组制造商按生产组织方式分为三类：

1) 全部自主制造(ENERCON)

此类制造商一般有较好的大型机械制造能力，几乎生产包括叶片在内的所有风机部件。此类企业的最大优点是设计制造能力强，产品质量稳定，产品利润最大化；缺点是投资较大，产品多样性差。

2）全部外协（Goldwind）

此类企业往往是由风场业主、贸易商或研究部门转变而来，它对风机的各项性能要求、技术特点等十分明确，具有整机设计能力，并拥有大量零部件制造商信息。风机各部件基本都通过外部采购获得，自身一般只完成关键部件的组装和调试。其优点是产品灵活，投资少；缺点是产品质量和利润不稳定，常常受到零部件市场供需情况的影响。

3）部分外协

部分企业为防止产品质量和利润过多受到零部件市场供需情况的影响，对风电机组中的关键部件采用自主设计、自主制造的方式保证其质量。

7.3　风电场设计与建设

7.3.1　风电场基础设施设计与建设

风电场基础设施包括土建工程和电力工程。土建工程包括道路和排水建设、风电机组和测风塔基础建设以及变电站建设；电力工程包括电力连接点设备、用以风电机组之间连接的地下电缆或高架线、地下电缆或高架线的开关保护和断开设备、变压器以及单个风电机组的开关设备（此设备通常在风电机组内部并且由风电机组制造商提供）。

风电场的土建工程和电力工程通常由不同于风电机组供应商的承包商设计并且安装。风电场的基础设施建设也直接影响风电场的建设成本和项目进展。对地质状况的不熟悉或由于天气原因无法在施工现场施工是延误项目进展和成本超出预算的主要原因。电力工程方面主要电力设施变压器和开关设备需要较长的交货时间，有时甚至能达数年。并网工程对项目的进展也会有一定的影响，因为一般并网工程都由电网运营商来承担，而这样风电场开发商就无法掌控工程的进展情况。

1. 土建工程

风电场的风电机组地基需要足够的坚固以支撑在极限载荷条件下运转的风电机组。通常风电场风电机组地基的设计条件是能够支撑风速在 $45\sim70$ m/s 条件下运转的风电机组。

风电机组供应商通常会提供一个完整的技术手册，其中包括风电场风电机组地基的载荷，作为投标内容提供给项目招标单位。同时风电机组供应商也会提供相关的关于载荷等级的认证。

尽管风电场风电机组地基的设计对风电场项目开发极其重要，但它依然还算是一项相对简单的土木工程。为降低成本及减轻对环境的影响，基本原材料通常采取现场采石取土建造。

2. 电力系统

风电机组电力系统一般通过中等电压（MV）电网连接，电压范围在 $10\sim35$ kV 之间。大多数情况下电网由地下电缆组成，但是有些国家或地区采用高架线连接电网。高架线成本较低但是视觉影响较大，并且支撑高架线的木线杆也会影响起重机的使用，限制其空间移动。

风电机组发电机电压等级通常比较低，换句话说，低于 1000 V，通常为 690 V。一些大型的风电机组发电机的电压等级较高，大约为 3 kV，但是这个电压等级依然没有高到足够满足风电机组相互之间可以实现经济性的连接。因此，每台风电机组需要配备一台变压器(干式变压器)以升压到中等电压，还需要配备相关的接电装置。此设备可以置于风电机组塔架底部外侧。

目前，许多风电机组供应商除了供应风电机组以外也连同变压器一起供给风电场，这种情况下风电机组终端电压将会达到中等电压并可直接并入风电场电网。

7.3.2　风电设备运输策划与实施

风力发电设备的运输策划是在宏观选址阶段就开始的。由于风电机组部件大多为超长、超高、超重的大型部件，因此在项目开始阶段就应该确定这些大型部件的运输经济性。

在风电场选址时要考虑交通运输情况，设备供应运输是否便利；已有运输道路及桥梁的承载力、限高、限宽、转弯半径等是否适合风力发电机组运输要求；比较偏远的地区，如山脊、戈壁滩、草原、海滩和海岛等，是否需要拓宽现有道路并修建道路桥梁。

当道路情况允许运输时，第二步就是运输过程的规划，例如，与交通等相关部门的协调、运输时间、车辆行进方案等。

7.3.3　风电机组吊装

相同或近似尺寸、重量的风电机组如果是第一次进行吊装，一般首先要进行预吊装，即建设一个很矮的塔架，对风电机组除了叶片以外的部件进行一次吊装，严格按照事先确定的吊装规程进行操作，确定吊装规程的正确性，对吊装过程出现或可能出现的问题进行调整，或制定意外情况处理预案。当预吊装没有问题即可进行实际吊装。

在实际吊装之前对其中设备的检测是十分必需的，因为预吊装时起重设备所承受的倾覆力矩一般远小于实际吊装过程的倾覆力矩。

7.3.4　风电机组试运行

风电场建设完成后一般要进行试运行。试运行没有标准化的定义，但是通常来讲它包括了风电机组所有部件安装完成之后的一切运行活动。如果由经验丰富的人员操作，单台风电机组的试运行时间大约为两天。

试运行通常包括对电气系统及风电机组的标准测试，以及对日常土建工程质量记录的全面检查。试运行阶段的测试对确保交付和维护的是高质量的风电场至关重要。

单台风电机组的长期可利用率通常要超过 97%，这个数据要比传统发电站的可利用率高。然而，风电场从试运行到满功率运行需要大概几个月的时间，因此在这期间，试运行结束之后风电机组可利用率通常会从 80%~90%直接升至长期的 97%甚至更高。

7.4　风电场运行与维护

试运转结束后，风电场将会交付给运行和维护团队。风电场除了拥有专业的运行和维护团队外，通常还会配有一个管理团队。风电场一个典型的运行和维护团队一般是由 2 名技术人员负责 20 到 30 台风机。规模比较小的电场不会再专门配备运行和维护团队而是请当地的技术人员定期检查风电场运行情况。通常每台风电机组比较典型的日常维护时间是40 小时/年。

近些年来由于风电机组运行经验丰富，其可利用率一般都保持较高的水平。几乎所有主流市场的第三方运行公司都已成立并且逐步发展成熟。

7.4.1　风电场的运行

1. 风电场运行的主要内容

风电的运行包括两个部分，分别是风力发电机组的运行和场区升压变电站及相关输变电设施的运行。

1）风力发电机组的运行

（1）中控室通过计算机监测各项参数变化及运行状态，并按规定填写《风电场运行日志》；

（2）定期巡检，检查风力发电机组运行中有无异常响声，叶片运行状态，偏航系统动作是否正常，塔架外表有无油迹污染等；

（3）起停风力发电机组；

（4）重点检查带"病"运行和新投产机组；

（5）异常天气的应对；

（6）有故障及时通知检修人员。

2）输变电设施的运行

（1）巡检时配备好检测、防护和照明设备；

（2）按照各设备的技术规范和运行规程对变压器及附属设施、电力电缆、架空线路、通信线路、防雷设施、升压变电站进行检查和故障维修。

2. 异常需立即停机的操作顺序

（1）利用主控室计算机遥控停机；

（2）遥控停机无效时，则就地按正常停机按钮停机；

（3）上述操作仍无效时，拉开风力发电机组主开关或连接此台机组的线路断路器，之后疏散现场人员，做好必要的安全措施，避免事故范围扩大。

3. 运行管理记录

《风电场运行日志》由运行人员填写，主要记录日常的运行维护信息和场区内有关气象信息，主要有机组的日常维护工作，机组的常规故障检查处理记录，巡视检查记录，场区当日的风速、风向、气温、气压等。

7.4.2　风电机组的维护

1. 风电机组的常见故障

（1）液压系统油位及齿轮箱油位偏低；

（2）风力发电机组液压控制系统压力异常自动停机；

（3）风速仪、风向标发生故障；

（4）风力发电机组在运行中有异常响声；

（5）风力发电机组设备和部件超温而自动停机；

（6）风力发电机组桨距调节机构发生故障；

（7）偏航系统发生故障造成自动停机；

（8）转速超过限定值或振动超过允许振幅造成自动停机；

（9）安全链回路动作自动停机；

（10）运行中发生主空气开关动作；

（11）运行中发生与电网有关的故障；

（12）由气象原因导致的机组过负荷或电机、齿轮箱过热停机，叶片振动过风速保护停机或低温保护停机等故障；

（13）运行中发生系统断电或线路开关跳闸。

2. 发电机组的年度例行维护

1）电气部分

（1）传感器功能测试与检测回路的检查；

（2）电缆接线端子的检查及紧固；

（3）主回路绝缘测试；

（4）电缆外观与发电机引出线接线柱检查；

（5）主要电气组件外观检查（如空气断路器、接触器、继电器、熔断器、补偿电容器、过电压保护装置、避雷装置、晶闸管组件、控制变压器等）；

（6）模块式插件检查与紧固；

（7）显示器及控制按键开关功能检查；

（8）电气传动桨距调节系统的回路检查（驱动电动机、储能电容、变流装置、集电环等部件的检查、测试和定期更换等）；

（9）控制柜柜体密封情况检查；

（10）机组加热装置工作情况检查；

（11）机组防雷系统检查；

（12）接地装置检查。

2）机械部分

（1）螺栓连接力矩检查；

（2）各润滑点润滑状况检查及油脂加注；

（3）润滑系统和液压系统油位及压力检查；

（4）滤清器污染程度检查，必要时更换处理；

（5）传动系统主要部件运行状况检查；

（6）叶片表面及叶尖扰流器工作位置检查；

（7）桨距调节系统功能测试及检查调整；

（8）偏航齿圈啮合情况检查及齿面润滑；

（9）液压系统工作情况检查测试；

（10）钳盘式制动器刹车片间隙检查调整；

（11）缓冲橡胶组件的老化程度检查；

（12）联轴器同轴度检查；

（13）润滑管路、液压管路、冷却循环管路的检查、固定及渗漏情况检查；

（14）塔架焊缝、法兰间隙检查及附属设施功能检查；

（15）风力发电机组防腐情况检查。

3．年度例行维护的固定周期

（1）新投产机组：500 h（一个月试运行后）例行维护；

（2）已投产机组：2500 h（半年）例行维护；

（3）5000 h（一年）例行维护。

4．年度维护计划的编制

以年度维护内容为主要依据，结合实际运行状况，在每个维护周期到来之前编制维护计划。

维护计划的主要内容、人员包括：工作开始时间、工作进度计划、工作内容、主要技术措施和安全措施、人员安排以及针对设备运行状况应注意的特殊检查项目等。

5．年度维护组织形式

依据风电场和装机容量人员构成不同，可分为不同的组织形式，餐区集中平行式作业和分散流水式作业。

6．检修过程控制

（1）工作中遵守风力发电机组维护工作安全规程，做到安全第一；

（2）严格控制维护检修工作进度，达到要求的技术标准；

（3）工作过程加强成本控制，避免费用超支；

（4）工作现场文明生产，现场清洁；

（5）工作结束，班组填写工作汇报。

7．事故处理

（1）建立事故预想制度；

（2）定期组织运行人员进行事故预想；

（3）事故发生时，值班负责人应当组织运行人员采取有效措施，防止事故扩大并及时汇报有关保护领导，同时应保护事故现场，为事故调查提供便利；

（4）事故发生后，运行人员应当认真记录事件经过，并通过监控系统获取反映机组运行状态的各项参数记录及动作记录人员，组织有关人员研究分析事故原因，总结经验教训，提出整改措施，汇报上级领导。

8．维护记录

（1）《风力发电机组非常规维护记录单》主要记录非常规维护的主要工作内容、主要参加人员、工作时间、机组编号等内容；

（2）《风力发电机组检修工作记录单》主要记录风力发电机组年度检修工作的项目，包括工作检查测试项目、螺栓检查力矩、油脂用量、维护周期、主要参与人员、机组编号等信息；

（3）《风力发电机组零部件更换记录单》主要记录风力发电机组更换零部件的名称、产品编号、使用年限、更换日期、机组编号、工作人员等信息；

（4）《风力发电机组油品更换加注记录单》主要记录风力发电机组使用的油品型号、更换及加注时的用量、使用年限、加注日期、机组编号、工作信息等。

7.4.3　风电场的安全管理

风电场的管理主要有安全管理、人员培训管理、技术管理、备品备件及工具的管理。这里主要给出风电场维护的安全注意事项：

（1）维护风力发电机组时应开启塔架及机舱内的照明灯具，保证工作现场有足够的照明亮度；

（2）在登塔工作前必须手动停机，并把维护开关置于维护状态，将远程控制屏蔽；

（3）在登塔时要佩戴安全帽、系安全带，并把防坠落安全锁扣安装在钢丝绳上，同时要穿结实防滑的胶底鞋；

（4）把维修用的工具、润滑油等放进工具包内，防止空中落物；

（5）攀登时防止高空坠落；

（6）通过平台后，要将平台盖板盖上，防止物体跌落；

（7）风速超过 18 m/s 时禁止登塔；

（8）机舱内工作结束后，记得将机舱盖合上，并可靠锁定；

（9）机舱内禁止吸烟，工作结束清理现场，不许遗留物件；

（10）机舱外高空作业必须系好安全带，且有人监护；

（11）需断开主开关在机舱工作时，必须在主开关把手上悬挂警告牌，在检查机组主回路时，应保证与电源有明显断开点；

（12）若机舱内某些工作确需短时开机时，工作人员应远离转动部分并放好工具包，同时应保证急停按钮在工作人员的控制范围内；

（13）检查维护液压系统时，应按规定使用护目镜和防护手套，检查液压回路时必须开启泄压手阀，保证回路内已无压力；

（14）在使用提升机时，应保证起吊物品的重量在提升机的额定提升范围内，吊运物品捆扎牢固，风速较高时使用导向绳牵引；

（15）手动偏航时，要与偏航电动机、偏航齿圈保持一定的距离，并远离转动部分；

（16）在风轮上工作时将风轮固定；

（17）在风机启动前，应确保机组已处于正常状态，工作人员已全部离开机舱回到地面；

（18）若发生火灾，必须按下紧急停机键，并切开主控开关及变压器刀闸，展开灭火，并拨打火警电话，当机组发生危及人员和设备的安全的故障时，应立即拉开该机组线路侧的断路器，并让人员撤离危险区；

（19）若发生飞车事故，工作人员应立即离开风力发电机组，通过远程控制可将风力发电机组侧风 90°，使转速保持在安全转速范围内；

（20）若发现风轮结冰，要使风力发电机组立即停机，待冰融化后再开机，人员要远离结冰风机；

（21）雷雨天气要远离风力发电机组，雷击过后至少一小时才可靠近；空气潮湿时，风力发电机组叶片会因受潮发出杂音，人员要远离叶片，防止发生感应电。

7.5　风力发电原理

风力机(简称风机或风车)可以将风的动能或压力能转换为旋转的机械能,并通过风车主轴向外输出,将风车主轴与发电机主轴相连就构成了风力发电机。因此风力发电的过程是将风能转化成机械能,再转换成电能的过程。而风能转化量直接与风车的风能转换率、空气密度、叶轮扫风面积以及风速相关。

7.5.1　风能的计算

一般认为风车是将风能中的动能转化为机械能,因此计算风能的大小也就是计算气流所具有的动能。在单位时间内流过通流截面(垂直于流体流动方向的截面)的风能,即风功率为

$$W = \frac{1}{2}\rho v^3 A \tag{7.1}$$

式中:W 为该段时间 $0 \sim T$ 内的平均风能密度,W/m^2;ρ 为空气密度(ρ 的变化可以忽略不计),kg/m^3;v 为对应 T 时刻的风速,m/s;A 为通流截面面积,m^2。

公式(7.1)常称为风能公式。

7.5.2　升力与阻力

一个处于气流中的物体将受到空气的作用力,而这个作用力可以按照与气流运动方向的关系分为升力和阻力,如图 7.1 所示。

处于气流中的物体始终会受到升力和阻力的共同作用,只是在有些情况下升力的数值很小甚至可能为零(攻角为 0 时的对称翼型);有些情况下阻力的数值很小甚至接近为零(小攻角的流线翼型不计气体与物体表面的摩擦力)。

1. 阻力

阻力是由于物体阻碍气流流动时,气流作用在物体上的作用力的合力,其方向与气流运动方向一致。如图 7.2 所示,一平板与气流方向垂直,此时平板受到的阻力最大,升力为零。

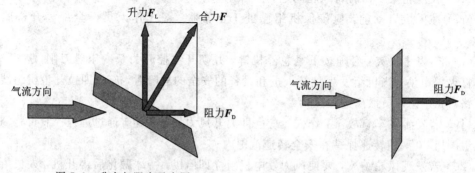

图 7.1　升力与阻力示意图　　　　　　图 7.2　阻力的形成

当平板静止时,阻力虽大但并未对平板做功;当平板在阻力作用下运动时,气流才对平板做功;如果平板运动速度方向与气流相同,气流相对平板速度为零,则阻力为零,气

流也没有对平板做功。一般说来，受阻力运动的平板当速度是气流速度的 20％ 至 50％ 时能获得较大的功率，阻力型风力机就是利用叶片受的阻力工作的。

2. 升力

升力是当气流流过物体时，受到物体外形与姿态影响，致使物体不同部位的气流速度和压力不同，而物体上压力在气流切向的合力就是升力，其方向与气流方向相垂直。

如图 7.3 所示，当平板与气流方向有夹角时，气流遇到平板的向风面会转向斜下方，从而给平板一个压力，气流绕过平板上方时在平板的下风面会形成低压区，平板两面的压差就产生了侧向作用力 F，该力可分解为阻力 F_D 与升力 F_L。如果平板与气流方向平行，此时平板受到的作用力趋近为零，阻力与升力也随着平板的厚度减小而趋近为零。

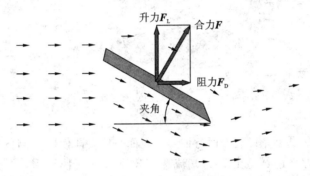

图 7.3　升力与阻力的形成

由于通过控制平板的姿态可以获得比阻力大很多的升力，因此现有大、中型风力发电机都采用升力型风机，以便提高风能转化率。

7.5.3　翼型与攻角

1. 翼型

翼型本是来自航空动力学的名词，是机翼剖面的形状，翼型均为流线型，风力机的叶片都是采用机翼或类似机翼的翼型，图 7.4 是翼型的几何参数图。

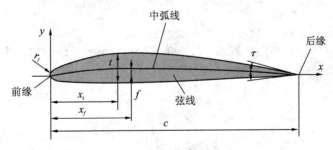

图 7.4　翼型的几何参数图

与翼型上表面和下表面距离相等的曲线称为中弧线，翼型通过以下参数来描述：

(1) 前缘、后缘：翼型中弧线的最前点称为翼型的前缘，最后点称为翼型的后缘。

(2) 弦线、弦长：连接前缘与后缘的直线称为弦线；其长度称为弦长，用 c 表示。弦长是很重要的数据，翼型上的所有尺寸数据都是弦长的相对值。

(3) 最大弯度：最大弯度位置中弧线在 y 坐标上的最大值称为最大弯度，用 f 表示，简称弯度；最大弯度点的 x 坐标称为最大弯度位置，用 x_f 表示。

（4）最大厚度：最大厚度位置上下翼面在 y 坐标上的最大距离称为翼型的最大厚度，简称厚度，用 t 表示；最大厚度点的 x 坐标称为最大厚度位置，用 x_t 表示。

（5）前缘半径：翼型前缘为一圆弧，该圆弧半径称为前缘半径，用 r_t 表示。

（6）后缘角：翼型后缘上下两弧线切线的夹角称为后缘角，用 τ 表示。

2. 翼型的升力与阻力

图 7.5 是对称翼型，其上下表面对称。当攻角为零时上下表面的受力相同，升力为零，所受的阻力也很小。

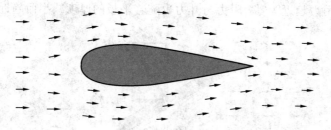

图 7.5　对称翼型的受力

图 7.6 是非对称翼型，其上表面弯曲，下表面平直，即使叶片与气流方向平行也会有升力产生，这是因为绕过翼型上方的气流速度比下方气流快许多，上方气体压强比下方小，翼片就受到向上的升力 F_L。

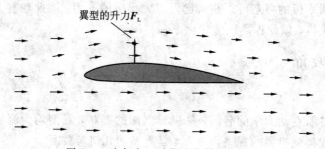

图 7.6　攻角为 0 时非对称翼型的升力

3. 攻角

平板与气流方向的夹角称为攻角，当攻角较小时，平板受到的阻力 F_D 较小；此时平板受到的作用力主要是升力 F_L，如图 7.7 所示。

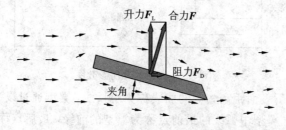

图 7.7　攻角与升力、阻力的关系

当攻角在一定范围内增大时，翼型受到的升力会增大，有攻角的翼型能受到较大的升力，阻力虽有增加但很小，在气流不变时翼型受到的升力随攻角的增大而增大。图 7.8 是攻角为 12°时的气流与升力图。

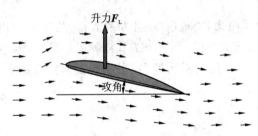

图 7.8　攻角为 12°时的气流与升力图

当攻角继续增大，升力和阻力还将继续增大，只是当攻角超过一定角度后升力的增加速率会低于阻力。当攻角增大到某个临界角度后，翼型上方气流会发生分离，产生涡流，升力会迅速下降，阻力会急剧上升，这一现象称为失速，如图 7.9 所示。

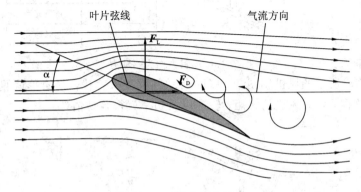

图 7.9　攻角与失速

发生转变的临界角度称之为临界迎角或失速迎角，对于不同的翼型失速迎角也不同，普通翼型多在 10°~15°，一般薄翼型失速迎角稍小，厚翼型失速迎角要大一些；对于同一个翼型，影响失速迎角的是翼片运行时的雷诺数与翼片的光洁度。

4. 压力中心

正常工作的翼型受到下方的气流压力与上方气流的吸力，这些力可用一个合力来表示，该力与弦线（翼型前缘与后缘的连线）的交点即为翼型的压力中心。

对称翼型在不失速状态下运行时，压力中心在离叶片前缘 1/4 叶片弦长位置。运行在不失速状态下的非对称翼型，在较大攻角时压力中心在离叶片前缘 1/4 叶片弦长位置，在小攻角时压力中心会沿叶片弦长向后移。

7.5.4　风能利用系数

风在通过叶轮时推动叶轮旋转，将风的动能转变为叶轮的旋转机械能，但经过叶轮做功后的风速不会为零，仅仅是减小，故风只能把一部分能量转化给叶轮，若流过风力机叶片扫掠面积的风功率为 E，风力机获得的功率定为 P，则风能利用系数为 C_p 可表示为

$$C_p = \frac{P}{E} \tag{7.2}$$

1. 阻力型风机风能利用系数

阻力风机是靠迎风横放的流面 A 上的风阻力驱动的。此阻力为

$$F_w = C_w \frac{\rho}{2} A v^2 \tag{7.3}$$

式中：F_w 为流面 A 上的风阻力，N；C_w 为阻力系数；ρ 为空气密度（ρ 的变化可以忽略不计），kg/m^3；A 为流面的通流面积，m^2；v 为气流的平均风速，m/s。

由风阻力公式可以看出，阻力系数越小，扰流体的阻力就越小。图 7.10 中给出了常见几何面的阻力系数。

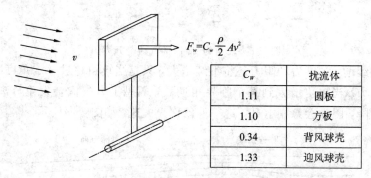

C_w	扰流体
1.11	圆板
1.10	方板
0.34	背风球壳
1.33	迎风球壳

图 7.10　风阻力作为驱动力

将图 7.11(a)所示的风机用图 7.11(b)所示的模型来替代，并简单地假设所产生的转矩是相同的，这样，阻力风机的转矩、转速以及功率就很容易估计。

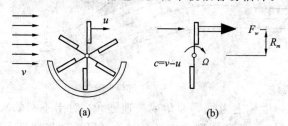

(a)　　　　　　　　(b)

图 7.11　阻力型风机的原理和简化模型

作用在平板上的来流速度为

$$c = v - u \tag{7.4}$$

则阻力为

$$F_w = C_w \frac{\rho}{2} A (v-u)^2 \tag{7.5}$$

平均驱动功率为

$$P_w = F_w u = \frac{\rho}{2} A v^3 \left[C_w \left(1 - \frac{u}{v} \right)^2 \frac{u}{v} \right] = \frac{\rho}{2} A v^3 C_p \tag{7.6}$$

可见，驱动功率与风功率相比，其正比于流面面积和风速的三次方。C_p 表示功率系数（气动效率），其最大值为 0.16，即风中所蕴含功率的 16% 可被转换成机械功率。

2. 升力型风机风能利用系数

1) 升力与升力系数

当流体流过翼型或斜放的板时，在来流的垂直方向产生升力，即

$$F_a = C_a \frac{\rho}{2} A v^2 \tag{7.7}$$

式中：F_a 为流面 A 上的升力，N；C_a 为升力系数；ρ 为空气密度（ρ 的变化可以忽略不计），kg/m³；A 为流面的通流面积，m²；v 为气流的平均风速，m/s。

对于理想化的无限长薄直角平板，升力系数 $C_a = 2\pi$。实际的值要小一些，大约 $C_a = 5.5$。

2）贝茨理论

贝茨理论是建立在理想的贝茨模型之上的，如图 7.12 所示，与之对应的是六条假设：

（1）气体是不可压缩的，均匀定常流畅；

（2）叶轮简化成一个桨盘，无轮毂；

（3）桨盘上没有摩擦力，无机械能损失；

（4）叶轮流动模型简化成一个单元流管；

（5）叶轮前后远方的气流静压相等；

（6）轴向力沿桨盘均匀分布。

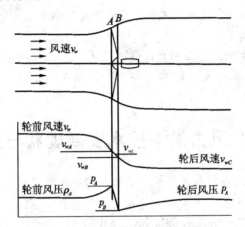

图 7.12 贝茨模型与叶轮前后流场

此时气流作用在叶轮上的力为

$$F = \rho A v (v_1 - v_2) \tag{7.8}$$

式中：ρ 为空气密度（ρ 的变化可以忽略不计），kg/m³；A 为流面的通流面积，m²；v 为气流在叶轮位置的风速，m/s。v_1 为气流在叶轮前的风速，m/s。v_2 为气流在叶轮后的平均风速，m/s。

叶轮从气流中所吸收的功率为

$$P = Fv = \rho A v^2 (v_1 - v_2) \tag{7.9}$$

而叶轮前后气流动能的变化量为

$$\Delta T = \frac{1}{2} \rho A v (v_1^2 - v_2^2) \tag{7.10}$$

要使 P 和 ΔT 相等，则：

$$v = \frac{1}{2} (v_1 + v_2) \tag{7.11}$$

从而可以得到叶轮从气流中所吸收的最大功率为

$$P_{\max} = \frac{8}{27} \rho A v_1^3 \tag{7.12}$$

由此可以计算出升力型风机的转化效率为 16/27，即约等于 59.3%，这个值远远大于阻力型风机的 16% 的转化效率。

59.3% 称为贝茨极限，是风力发电机组的风能利用系数的最大值。目前高性能的风力发电机组风能利用系数一般为 40% 至 45%。

7.5.5　叶尖速比系数

叶尖速比等于叶片顶端的速度(圆周速度)与风接触叶片之前很远距离上的速度之比；叶片越长，或者叶片转速越快，相同风速下的叶尖速比就越大。

阻力型风机的叶尖速比都小于 1，属于慢速比风机。升力型风机的叶尖速比都大于 1，但如果其叶尖速比在 1 到 2.5 之间，也被称为慢速比风机，风力提水机就属于此类。几乎所有的升力型风力发电机叶尖速比在 2.5 到 15 之间，属于快速比风机。

叶尖速比对风机的结构和载荷有很大的影响。如果叶片长度一定，叶尖速比越大，叶片的转速也就越快。只有一个叶片的风机，其叶尖速比很高，旋转速度也要比三叶片的风机的转速快。

快速比风机由于产生的涡流损失要比慢速比风机低很多，所以其作用系数要明显比慢速比的风机高。一般慢速比风机的转化率 C_p 在 $0.3 \sim 0.35$，而快速比的风机能够达到 $0.45 \sim 0.55$。

7.6　风力发电技术发展现状与趋势

从 19 世纪末，丹麦人研制出首台风力发电机到现在已经过去 100 多年，风力发电技术有了巨大的发展。

早在 1931 年，苏联的 Crimean Balaclava 就建造了一座 100 kW 容量的风力发电机，风力发电技术虽然出现较早，但直到 20 世纪 70 年代世界石油危机之后才真正得到各国的重视。至今风电发电量以年均 30% 的速度快速成长，究其根本，人类对能源需求和环境保护的双重压力是一个原因，更为重要的是世界各国相继推出的再生能源推动制度。表 7.1 是 2020 年各国家/地区可再生能源占发电量比例的目标。

表 7.1　2020 年各国家/地区再生能源占发电量比例之目标

国家/地区	2006 现况	2020 目标	国家/地区	2006 现况	2020 目标
瑞典	40.0%	49%	德国	5.8%	18%
奥地利	23.0%	34%	意大利	5.2%	17%
丹麦	17.0%	30%	荷兰	2.4%	14%
法国	10.0%	23%	英国	1.3%	15%
西班牙	8.7%	20%	台湾	1.0%	8%(2025 年)

1. 世界风力发电技术发展现状

20 世纪 90 年代以来，风电装机容量迅速增长。到 2002 年初，包括占世界人口一半的 16 个国家风电装机容量超过 1×10^5 kW，进入了风电快速发展期。2011 年上半年，又有 3 个新的国家开始使用风电，从而使得风电在全球的应用扩展到了 86 个国家和地区。

　　美国早在上世纪 80 年代初就开始了风力发电的尝试，但是，直到 2000 年前规模都十分有限。近年来，随着全球清洁能源和可再生能源发展的日益强劲，美国也加快了风电发展的步伐。到 2009 年，美国的风电装机总量达到 3.516×10^7 kW，跃居世界第一位，风力发电量更是占全国发电总量的 2.4%。

　　近些年来，拉丁美洲成为全球风电发展最具潜力的新兴市场，而巴西作为拉丁美洲的风电大国成为拉丁美洲风电发展的领军力量。巴西风能资源丰富，根据巴西 2008 和 2009 年的风电资源普查结果，在 80~100 米高度，风电可开采容量约为 350~400 GW。2011 年 6 月，巴西风电装机容量突破 1 GW（1×10^6 kW）大关，2011 年风电装机 5.83×10^5 kW，累计装机 1.509×10^6 kW。累计装机容量实现 63% 的年增长，年新增装机容量实现 56% 的增长。巴西规划的项目目标是到 2016 年总量达到 7×10^6 kW。

　　根据世界风能协会的统计，2011 年上半年世界风电新增装机容量达到 1.8405×10^7 kW，累计装机容量已经突破 2 亿千瓦大关达到 2.15×10^8 kW。其中，新增装机容量前五位的国家分别为中国、美国、印度、德国和加拿大，我国风电新增装机容量 8×10^6 kW，占全球新增风电装机容量的 43.46%，位于全球第一位，其余四个国家新增装机容量分别为 2.25×10^6 kW、1.48×10^6 kW、7.66×10^5 kW 和 6.03×10^5 kW。累计装机容量前五位的国家分别为中国、美国、德国、西班牙和印度，累计装机容量分别为 5.28×10^7 kW、4.243×10^7 kW、2.798×10^7 kW、2.115×10^7 kW 和 1.455×10^7 kW。

　　截止 2011 年末，全球风力发电总量已经达到 2.38×10^8 kW，全球新增风电装机容量 4.1×10^7 kW，实现了 21% 的增长。

　　截止 2012 年底，全球年风力发电量达 5.8×10^{11} kW·h，约占全球年发电总量的 3%，产值 750 亿美元。

　　过去十年内，全球风电装机容量从 3×10^7 kW 猛增至 2.82×10^8 kW，近 10 年间增加了 10 倍。

　　数据显示，亚洲是风电发展最快的地区。目前全球 100 个利用风力发电的国家中，亚洲新装机容量最大，占全球的 36.3%，其次是北美和欧洲，分别占 31.3% 和 27.5%，其余地区风电发展较慢，拉美占 3.9%，大洋洲占 0.8%，非洲占 0.2%。在欧洲，德国一直是风电大户，装机容量达 3.1×10^7 kW，西班牙以 2.28×10^7 kW 紧随其后，其次是意大利、法国和英国，装机容量约在 7.5 至 8.5×10^6 kW 区间。

2. 我国风力发电技术发展现状

1）我国风电政策与市场

　　进入 80 年代中期以后，我国先后从丹麦、比利时、瑞典、美国、德国引进一批中、大型风力发电机组。在新疆、内蒙古的风口及山东、浙江、福建、广东的岛屿建立了 8 座示范性风力发电场。

　　《中华人民共和国可再生能源法》及一系列配套政策的实施，促进了国内风电开发的快速增长。

　　2006 年，国家发改委、科技部、财政部等 8 部门联合出台了《"十一五"十大重点节能工程实施意见》。"十一五"期间，我国风电产业发展引人瞩目，已成为新能源的领跑者，并具有一定国际影响力。在国家的大力支持下，经过科研机构、风电企业等各方的共同努力，我国在风能资源评估、风电机组整机及零部件设计制造、检测认证、风电场开发及运营、风电场并网等方面都具备了一定的基础,初步形成了完整的风电产业链。在海上风电开发领域,初步解决了海上运输、安装和施工等关键技术,开始积累海上风电场运营经验。在人才培养上,初步形成了一定规模的风电专业人才队伍,风电学科建设也已经起步。

2007 年我国政府公布《可再生能源中长期发展规划》,其中风电开发目标为装机容量 2010 年 $5×10^6$ kW、2020 年 $3×10^7$ kW。2008 年又将 2010 年的开发目标上调至 $1×10^7$ kW,而实际上 2010 年的装机容量已远远超过该目标。

我国政府于 2009 年 11 月宣布,至 2020 年单位国内生产总值 CO_2 排放比 2005 年减少 40%～45%,为此,非化石能源(可再生能源和核能)占一次能源消费的比例将由 2009 年的 7.1% 提高至 2020 年的 15%。在可再生能源中我国政府最期待的是风力发电。

我国资源综合利用协会可再生能源专业委员会发表的《中国风电发展报告 2010》指出,我国 2020 年、2030 年风力发电装机容量保守预测将分别达到 $1.5×10^8$ kW 和 $2.5×10^8$ kW;乐观预测分别为 $2×10^8$ kW 和 $3×10^8$ kW;大胆预测分别为 $2.3×10^8$ kW 和 $3.8×10^8$ kW。该报告中大胆预测,2050 年我国风电装机容量将扩大至 $6.8×10^8$ kW。我国的动向将左右世界风电规模。

截至 2010 年底,我国具备兆瓦级风电机组批量生产能力的企业超过 20 家。2010 年新增装机容量前五名的风电整机制造企业当年市场份额占全国的 70% 以上。我国有四家企业 2010 年新增装机容量进入全球前十名。

2) 我国风电研究与人才培养体系建设

风电产业的飞速发展也促进了风电行业公共服务体系建设。"十一五"期间,我国建立了一批风能领域相关的国家重点实验室和国家工程技术研究中心,并参考国际惯例初步建立了风电标准、检测和认证体系,为我国风电发展提供了技术支撑和保障。

目前,我国已拥有一批风资源勘测分析、风电机组整机及零部件设计制造、风电场设计、建设及运行维护、风电并网等风电行业各领域的专业人才,形成了风电全产业链的熟练技术人员队伍,并吸引了大量国外优秀的风电人才加盟。在学科建设方面,我国已初步建立了风能与动力工程专业(现更名为新能源科学与工程专业),并开始培养专门化人才。

3. 风力发电技术发展趋势

(1) 全球风电发展趋势依然乐观。

从目前的技术成熟度和经济可行性来看,风能最具竞争力。从中期来看,全球风能产业的前景相当乐观,各国政府不断出台的可再生能源鼓励政策,将为该产业未来几年的迅速发展提供巨大动力。

据预测,未来风电发展空间巨大,2016 年全球风电装机容量将达到 $5×10^8$ kW,2020 年有望达到 $1×10^9$ kW。

(2) 欧洲风电发展速度将放缓,但依然强劲。

一直以来在风能领域处于领先地位的欧洲国家增长速度将放慢,2015 年前保持每年 15% 的增长速度。其中最早发展风能的国家如德国、丹麦等陆上风电场建设基本趋于饱和,下一步主要发展方向是海上风电场和设备更新。英国、法国等仍有较大潜力,增长速度将高于 15% 的平均水平。

在欧洲,德国的风电发展处于领先地位,其中风电设备制造业已经取代汽车制造业和造船业。德国仍然是全球风电技术最为先进的国家。德国风电装机容量占全球的 28%,而德国风电设备生产总额占到全球市场的 37%。在国内市场逐渐饱和的情况下，出口已成为德国风电设备公司的主要增长点。在近期德国制定的风电发展长远规划中指出，到 2025 年风电要实现占电力总用量的 25%，到 2050 年实现占总用量 50% 的目标。

（3）亚洲风电继续高速发展。

未来世界风电产业中亚洲将扮演越来越重要的角色，并将在未来的一段时间内保持世界风电市场发展速度最快的态势。在亚洲市场中，中国和印度由于多方面的原因还必将大力发展风力发电。

GWEC 和 Greenoeace 对中国的预测，按照基准方案，风电装机容量 2020 年、2030 年将分别达到 7×10^7 kW 和 9.5×10^7 kW；按照中增长方案，预计 2020 年、2030 年将分别达到 2×10^8 kW 和 4×10^8 kW；按照高增长方案，预计 2020 年、2030 年将分别达到 2.5×10^8 kW 和 5.13×10^8 kW。

按 GWEC 对印度风力发电开发的预测，中增长方案预计 2020 年、2030 年分别扩大至 4.6×10^7 kW 和 1.08×10^8 kW，高增长方案预计 2020 年、2030 年分别扩大至 6.5×10^7 kW 和 1.6×10^8 kW。

（4）海上风电将成为全球新的增长点。

世界风能陆上资源储量约 4×10^{13} kW·h，该值为世界电力需求的 2 倍以上，而海上资源储量为陆上的 10 倍。陆上风电机组商业装置的设备利用率必须达到 20%～25%，海上风电机组建设费用上升，达到成本核算有利水平的设备利用率需 35%～40%。欧洲海上风电机组的设备利用率已有数例大幅度超过 40%。

欧洲是世界海上风电发展的先驱和海上风电产业中心，拥有先进的核心技术，海上风电建设正朝着大规模、深水化、离岸化方向发展。很多的先进技术，如风电双馈齿轮驱动技术、无齿轮直驱技术和混合驱动技术三大核心技术都是首先在欧洲发展起来的。海上风机制造商也基本上都在欧洲，如德国的西门子（Siemens）公司和 Repower 公司、丹麦的 Vestas 公司等。

2010 年全球海上风电新建装机 4.4×10^5 kW，而 2020 年仅欧洲就预计建设 4×10^7 kW。按欧洲风力发电协会的资料（见表 7.2），今后欧洲海上风力发电将急速增长。

表 7.2　欧洲海上风力发电装机容量预测

年　份	陆上风电装机容量×10^4 kW	海上风电装机容量×10^4 kW	风电所占份额%
2020 年	19 000	4000	16
2030 年	25 000	15 000	29
2050 年	27 500	46 000	50

欧洲大力推进海上风力发电的原因还在于以下几方面：

（1）输电线路投资。海上风力发电场通常远离电力需求地区，不论海上还是陆上都必须大规模投资扩建输电线路，欧洲企业可以承包输电线路建设工程。例如，德国北海海上风力发电项目到德国本土的输电线路工程由瑞士 ABB 公司承包，金额达 10 亿欧元。ABB 可承包德国 3 个海上风电项目的输电线路建设工程。今后，欧洲建设的多个海上风电输电线路项目，将成为欧洲企业巨大的收益来源，并创造较多的就业岗位。输电线路建设费用最终可能由电力用户负担，将来很可能涉及电力价格上涨，但如果采用发电效率高、发电成本比较低的海上风电，负担相对会低一些。

（2）发电设备。需要承受强风的海上风力发电设备要求比陆上的坚固耐用，目前技术比较先进并且较成熟的制造商都在欧洲，虽然近几年我国海上风电设备设计、安装都有了大的进步，但有能力制造最优良的海上风力发电设备的企业依然只有德国的西门子和丹麦的 Vestas。

（3）作为其他能源的替代。英国热心海上风力发电，原因是北海油田的产量比 1999 年高峰时下降了 1/4，因而明确提出应用石油、天然气开发培育的海洋技术开发风能、海洋能和扩大就业的战略。英国举国推进海上风电，计划投资 1000 亿英镑扩大海上风力发电，20 年内将装机容量扩大至现在的 40 倍，约 4×10^7 kW，全国电力消费的 1/3 由海上风电提供。

受福岛核事故影响，德国决定 2022 年关闭全部核电站，可再生能源发电的比率由现在的 17% 扩大至 2020 年的 35%，投资 50 亿欧元建设 10 座大型海上风电场，设置从北海到慕尼黑、斯图加特等南部工业区的干线电网。

4. 风力发电技术发展趋势

随着近些年对风力发电技术的研究，以及不同技术的应用与检验，风力发电技术的发展趋势逐渐明朗，具体表现在以下几方面：

（1）水平轴风电机组技术。因为水平轴风电机组具有风能转换效率高、转轴较短、技术成熟、市场化程度高等优点，使它成为世界风电发展的主流机型，并占有 95% 以上的市场份额。

（2）风电机组单机容量持续增大，利用效率不断提高。近年来，世界风电市场上风电机组的单机容量持续增大，世界主流机型已经从 2000 年的 500～1000 kW 增加到现在的陆地 2～3 MW，海上 3～5 MW，目前世界上运行的最大风电机组单机容量为 8 MW，并已开始更大功率风力发电机组的设计与研发。

（3）海上风电技术成为发展方向。由于海上风力发电机单机容量几乎不受限制，并且海上风况不同于陆地，开发海上风电场所受限制较少（土地与环境限制），因此随着技术的不断发展，海上风电的成本会不断降低，其经济性也会逐渐凸显，并成为风电技术发展的方向。

（4）变桨变速、功率调节技术得到广泛采用。由于变桨距功率调节方式具有载荷控制平稳、安全和高效等优点，近年来在大型风电机组上得到了广泛采用。

（5）小齿轮箱风机技术将成为发展方向。由于全变速齿轮箱风机和无齿轮箱风机在大于 3 兆瓦的风机上使用都存在明显的不足，因此小齿轮箱风机（又称为混合驱动型风力或半直驱风机）以其小增速比齿轮箱故障率低，传动效率高；而发电机具有磁极对数较少、体积小、重量轻、制作费也较低等优点，逐渐成为 3 GW 以上大型风机组设计开发的一种趋势。

（6）新型垂直轴风力发电机。垂直轴风电机组以其全风向对风和主传动系统及发电机可以置于叶轮下方（或地面）等优点，近年来成为研究和开发的热点。升力型垂直轴风力发电机由于结构简单、系统稳定性好、发电效率高等优点将成为未来兆瓦型风力发电机组的一个发展趋势。而阻力型垂直轴风力发电机由于具有微风启动性能好、无噪声、抗 12 级以上台风、不受风向影响等优良性能，可以大量用于别墅、多层及高层建筑、路灯等中小型应用场合。以它为主建立的风光互补发电系统，具有电力输出稳定、经济性高、对环境影响小等优点，也解决了太阳能发展中对电网的冲击等影响。

第 8 章　常见风力发电机

8.1　风力发电机组的类型

1. 根据叶轮能量转化原理分类

风力发电机按照叶轮能量转化原理进行分类，可以分为升力型风力发电机和阻力型风力发电机。由于升力型风机风能理论转化率约为阻力型风机的三倍，所以现在的风力发电机大多数为升力型风力发电机。但由于阻力型风机低速运行性能优于升力型风机，因此在部分小功率低风速垂直轴发电机中依然有应用。

2. 根据风力发电机的输出容量分类

风力发电机按照输出容量进行分类，国内一般将风力发电机分为小型、中型、大型、巨型(常称为兆瓦级)系列。

(1) 小型风力发电机是指发电机容量为 0.1～1 kW 的风力发电机；

(2) 中型风力发电机是指发电机容量为 1～100 kW 的风力发电机；

(3) 大型风力发电机是指发电机容量为 100～1000 kW 的风力发电机；

(4) 兆瓦级风力发电机是指发电机容量为 1000 kW 以上的风力发电机。

近几年随着风力发电技术的发展，根据风力发电机输出容量的不同又有了新的分类方法：

(1) 微型机：10 kW 以下；

(2) 小型机：10 kW～100 kW；

(3) 中型机：100 kW～1000 kW；

(4) 大型机：1000 kW 以上(MW 级风机)。

3. 根据风力发电机主轴的方向分类

风力发电机按照风机主轴的方向进行分类，可分为水平轴风力发电机和垂直轴风力发电机。

(1) 水平轴风力发电机。风机主轴与叶片垂直，一般与地面平行的风力发电机。水平轴风力发电机组的发展历史较长，理论较为完备，工业化程度较高。

(2) 垂直轴风力发电机。风机主轴与叶片平行，一般与地面垂直的风力发电机。垂直轴风力发电机相对于水平轴发电机的优点在于：无对风要求，也就没有偏航系统，机组结构简单；发电机、变速箱等部件在地面上，机组稳定性好；机组维修、检测方便。

但随着科技的发展和研究的深入，部分研究成果表明升力型垂直轴风力发电机的风能转化率并不低于水平轴风力发电机，再加之结构简单、稳定性好、易于维修检测，因此具有很好的发展前景。

4. 根据叶轮与塔架的位置分类

风力发电机按照叶轮与塔架的位置进行分类,分为上风式和下风式两种类型,如图8.1所示。

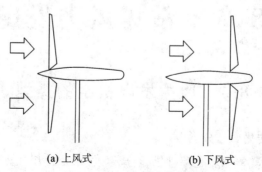

(a) 上风式　　　　　　　(b) 下风式

图 8.1　上风式和下风式风力发电机

(1) 上风式风机就是叶轮处于塔架前方,风先吹过叶轮再经过塔架。上风式风机对偏航系统要求较高,需要较大的偏航驱动力和制动力,才能保证偏航系统正常工作。同时,在设计叶轮时要防止叶片受载变形后与塔架发生碰撞。上风式风机的最大优点就是没有塔架扰流影响。

(2) 下风式风机就是叶轮处于塔架后方,风先经过塔架再吹过叶轮。下风式风机最大的缺点是,塔架干扰了流过叶片的气流而形成所谓的"塔影效应",使得风力发电的发电效率下降,更重要的是叶轮的气动平稳性大幅下降。

5. 根据功率调节方式分类

风力发电机按照功率调节方式进行分类,可分为定桨距失速调节型、主动失速型、变桨距型和独立变桨型风力发电机。

(1) 定桨距失速型风机的桨叶与轮毂固定连接,桨叶的迎风角度不随风速而变化。依靠桨叶的气动特性自动失速,即当风速大于额定风速时依靠叶片的失速特性保持输入功率基本恒定。

(2) 主动失速调节是当风速低于额定风速时,控制系统根据风速分几级控制,控制精度低于变桨距控制;当风速超过额定风速后,变桨系统通过增加叶片攻角,使叶片"失速",限制叶轮吸收功率增加。

(3) 变桨距调节是当风速低于额定风速时,保证叶片在最佳攻角状态,以获得最大风能;当风速超过额定风速后,变桨系统减小叶片攻角,保证输出功率在额定范围内。

(4) 独立变桨控制技术主要应用于兆瓦级风力发电机中,由于兆瓦级风力发电机叶片尺寸较大,每个叶片有十几吨甚至几十吨,叶片运行在不同的位置受力状况也不同的,通过对三个叶片进行独立的控制,可以大大减小风机叶片负载的波动及转矩的波动,进而减小传动机构与齿轮箱的载荷变化幅度,减小塔架的震动。

6. 根据传动形式分类

风力发电机按照传动形式进行分类,可分为全变速齿轮箱风机、小齿轮箱风机和无齿轮箱风机。

1）全变速齿轮箱风机

全变速齿轮箱风机常称为有齿轮箱风机，如图 8.2 所示。为与小齿轮箱风机加以区别特称为全变速齿轮箱风机，全变速齿轮箱风机在小、中、大型风力发电机中得到广泛应用。叶轮将风能转化为机械能，再通过齿轮箱将动力传给发电机用于发电，由于叶轮转速较高，发电机的同步转速一般设定为 1500 rpm。此类风机发电机的体积较小、重量轻、制作费用较低。

图 8.2　全变速齿轮箱风机

随着风力发电机功率的增加，叶轮转速逐渐减慢，为保证发电机的同步转速不降低，齿轮箱的增速比就需要提高，而当齿轮箱的增速比越大，其效率就越低，并且故障率也增高，甚至占到整机故障的一半。因此，在兆瓦级风机中所占比例有所减少。

2）无齿轮箱风机

无齿轮箱风机又称为直驱型风机，如图 8.3 所示，它是将风力发电机叶轮和发电机直接连接在一起，将齿轮箱省去的一种结构。

图 8.3　无齿轮箱风机

由于没有齿轮箱，风电机组的故障率得到了大幅下降，运行维护成本也随之下降，年发电量有所提高。直驱型风机最早应用于小型风机，由于小型风机转速很高，因此直驱型风机的发电机磁极对数并不多，发电机的体积并不大、重量较轻、制作费也较低。随着风机功率的增大，例如，一台兆瓦级风机叶轮直径 100 m 转速 15 rpm，为达到发电机所需要的 3000 rpm 的同步转速，电极磁极对数最多达到 200 对，最少也达到 50 对以上，发电机的体积将变得很大、重量很重、制作费用也很高，这给风电机组的吊装提出了更高的要求，所以此项技术是否在大于 3 兆瓦的风机上使用也受到了多方面的质疑。

3）小齿轮箱风机

由于全变速齿轮箱风机和无齿轮箱风机在大于 3 兆瓦的风机上使用都存在明显的不足，因此出现了小齿箱风机的设计方案，如图 8.4 所示，小齿轮箱风机又称为混合驱动型风机或半直驱风机。小齿轮箱风机在结构中依然保留了齿轮箱结构，但齿轮箱的增速比较小，这就是小齿轮箱风机名称的由来，齿轮箱输出轴的转速一般为 200 rpm 左右，为此通过采用多磁极对数发电机将同步转速降到与齿轮箱输出轴转速相同的速度。这样，由于齿轮箱增速比较小，其故障率较低，而传动效率也有小幅的提高；而由于发电机输入轴转速较高，发电机磁极对数并不多，发电机的体积并不大、重量较轻、制作费也较低。

图 8.4　小齿轮箱风机

所以，这种风力发电机既具有直趋风力发电机的特点也有体积小，重量轻的优点，逐渐成为 3 GW 以上的大型风机组设计开发的一种趋势。

7. 根据发电机的类型分类

风力发电机按照发电机的类型进行分类，可分为异步型风力发电机和同步型风力发电机。

1）异步发电机

国内已运行风电场大部分机组是异步风电发电机。其主要特点是结构简单、运行可靠、价格便宜。异步发电机按其转子结构不同又可分为：

（1）笼型异步发电机。由于笼型异步发电机结构简单可靠、价格较低、易于接入电网，而在小、中型机组中得到大量的使用。

（2）绕线式双馈异步发电机。定子与电网直接连接输送电能，同时绕线式转子也经过变频器控制向电网输送有功或无功功率。这种机型称为变速恒频发电系统，其风力机可以变速运行，运行速度能在一个较宽的范围内调节，使风机风能利用系数 C_p 得到优化，获得高的利用效率；可以实现发电机较平滑的电功率输出；发电机本身不需要另外附加无功补偿设备，可实现功率因数在一定范围内的调节，例如，功率因数从领先 0.95 调节到滞后 0.95 范围内，因而具有调节无功功率出力的能力。

2）同步发电机

同步发电机按其产生旋转磁场的磁极的类型又可分为：

（1）电励磁同步发电机。电励磁同步发电机转子为线绕凸极式磁极，由外接直流电流激磁来产生磁场。

（2）永磁同步发电机。永磁同步发电机转子为铁氧体材料制造的永磁体磁极，通常为低速多极式，不用外界激磁，简化了发电机结构，因而具有多种优势。

8. 根据发电机的转速分类

风力发电机按照发电机的转速进行分类，可以将发电机分为定速风机和变速风机。

1）定速风机

定速风力发电机一般采用失速控制，使用直接与电网相连的异步感应电动机，由于风能的随机性，驱动异步发电机的风力机低于额定运行的时间占全年运行时间的 60%～70%。为了充分利用低风速的风能，增加发电量，广泛应用双速异步发电机，其设计成 4 级和 6 级绕组。在低速运转时，双速异步发电机的效率比单速异步发电机高，当风力发电机组在低风速运行时，不仅桨叶具备较高的启动效率，发电机效率也能保持在较高的水平。

2）变速风机

变速风力发电机一般采用变桨控制，通过变桨系统控制风机转速和功率。变桨系统的首要任务是使风力机在大风、运行故障和过载荷时得到保护，其次，使风电机组能够在启动时顺利切入运行，并在额定风速下始终处于最佳风能转换状态。

9. 根据叶轮类型分类

风力发电机按照叶轮类型进行分类，可分为高叶尖速比叶轮、低叶尖速比叶轮、轮辐式叶轮、双向旋转式叶轮、弗莱特纳叶轮和帆蓬式叶轮，如图 8.5 所示。

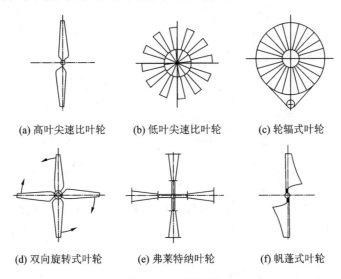

(a) 高叶尖速比叶轮　　　(b) 低叶尖速比叶轮　　　(c) 轮辐式叶轮

(d) 双向旋转式叶轮　　　(e) 弗莱特纳叶轮　　　(f) 帆蓬式叶轮

图 8.5　叶轮类型

其中，使用最多的是高叶尖速比叶轮（简称为高速叶轮），其特点是叶片数目较少，转速高、扭矩相对较小；其次是低叶尖速比叶轮（简称为低速叶轮），其特点是叶片数目较多，转速低，扭矩大，一般用于风力提水机。其他类型的叶轮现在使用较少。

10. 根据桨叶数量分类

风力发电机按照桨叶数量进行分类，可分为单叶片、双叶片、三叶片和多叶片型风机，如图 8.6 所示。风力发电机为提高叶轮转速一般均采用少叶片的高速叶轮。多叶片叶轮是低速叶轮，一般用于风力提水机或低风速风力发电机中。

由于风力发电机叶片的成本较高，减少叶片数目后虽然风能转化效率会有下降，但由于下降量很少，因此从经济考虑是可取的方案。但由于单叶片风机平衡性较差，现在基本已经不使用，现在大多数风机为三叶片。

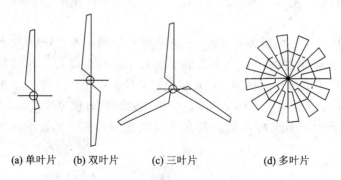

(a) 单叶片　　(b) 双叶片　　(c) 三叶片　　　　(d) 多叶片

图 8.6　不同叶片数的叶轮

11. 根据轮毂的类型分类

风力发电机按照轮毂的类型进行分类，分为刚性轮毂、刚性变桨轮毂、挥舞轮毂和摆动轮毂，如图 8.7 所示。

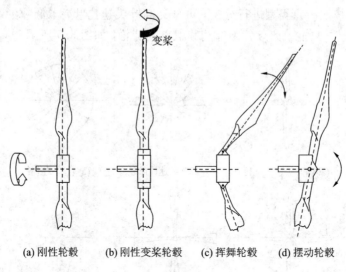

(a) 刚性轮毂　　(b) 刚性变桨轮毂　　(c) 挥舞轮毂　　(d) 摆动轮毂

图 8.7　轮毂的类型

1）刚性轮毂

刚性轮毂的制造成本低、维护少、没有磨损，三叶片叶轮大部分采用刚性轮毂，但它要承受所有来自叶轮的力和力矩，相对来讲承受叶轮载荷高。通常轮毂的形状为球形或三角形，如图 8.8 所示分别为球形轮毂和三角形轮毂。

2）刚性变桨轮毂

叶片始终处于固定的旋转面内，但叶片围绕自身长度方向的某一轴线可以发生转动，从而改变自身的攻角大小，其特点是通过变桨可以保证不论外部风速多大，叶片所受载荷都不会过大。

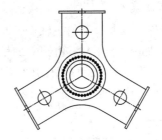

(a) 球型轮毂　　　　　　　　　(b) 三角形(三通)轮毂

图 8.8　刚性轮毂的类型

3）挥舞轮毂

挥舞轮毂和摆动轮毂都称为柔性轮毂。挥舞轮毂，叶片与轮毂通过销轴连接，叶片可以围绕销轴发生旋转，通过柔性连接叶根部位的弯曲载荷将减少，叶片的厚度可以得到较大的减少，使叶片的质量大幅度减少。

但由于挥舞轮毂的结构较复杂，并且控制不当就会造成叶片与塔架碰撞的事故，因此在实际中极少使用。

4）摆动轮毂

摆动轮毂是将两片叶片连接在一起，在其中部通过销轴与轮毂相连接，叶片可以围绕销轴发生旋转。摆动轮毂具有挥舞轮毂叶片的厚度少，叶片质量轻的特点。同时由于叶轮回转面上部风速较大，使叶片旋转时始终有一个后仰的作用，使叶片旋转到下部时自动远离塔架，有效地防止了叶片与塔架的碰撞事故。

12. 根据主传动链的结构分类

风力发电机按照主传动链的结构进行分类，可分为紧凑型风机和长轴布置型风机。

1）紧凑型风机

紧凑型风力发电机的叶轮直接与齿轮箱低速轴相连，如图 8.9 所示，齿轮高速轴输出端通过弹性联轴节与发电机连接，发电机与齿轮箱外壳连接。这种结构的齿轮箱是专门设计的，由于结构紧凑，可以节省材料和相对的费用。作用在叶轮和发电机上的力都是通过齿轮箱外壳体传递到主框架上的。紧凑型风力发电机的结构主轴与发电机轴在同一平面内，在齿轮箱损坏时，需要将叶轮、齿轮箱、发电机一起拆下来进行修理，维修工作量和难度较大。

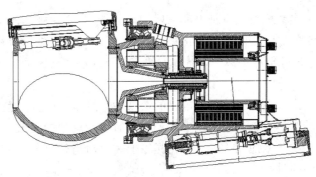

图 8.9　紧凑型风机

2) 长轴布置型风机

叶轮通过固定在机舱地板上的主轴，与齿轮箱低速轴连接，如图 8.10 所示。长轴布置型风力发电机的主轴是独立结构，由独立的轴承支撑。这种结构的优点是叶轮没有直接作用在齿轮箱的低速轴上，齿轮箱可以采用标准结构，改善齿轮箱低速轴所受到的载荷，降低了费用，减少了齿轮箱受损的可能性。

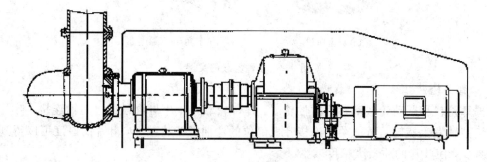

图 8.10　长轴布置型风机

13. 根据塔架类型分类

风力发电机按照塔架类型进行分类，可分为钢筒塔架风机(如图 8.11(a)所示)、桁架塔架风机(如图 8.11(b)所示)和钢混塔架风机三类。

(a) 钢筒塔架风机　　　　(b) 桁架塔架风机

图 8.11　钢筒塔架风机和桁架塔架风机

1) 钢筒塔架风机

国内及国外绝大多数风力发电机组都采用钢筒式结构，这种结构的优点是刚性好，便于设计制造、人员登塔安全，维护工作量少，便于安装和调节；缺点是随着风力发电机功率越来越大，塔架的尺寸也越来越大，而过大的直径尺寸使塔架的运输越来越困难。

2) 桁架塔架风机

桁架式塔架最早出现在中型风力发电机的塔架中，但随着风机功率增大、载荷增大桁架的受力分析变得越来越复杂，最终在中型和大型风机的塔架中消失。但近些年随着计算机技术在结构力学中的不断应用，以及 3 兆瓦以上风机对塔架直径尺寸的要求，桁架式塔架又重新引起了人们的重视。桁架式塔架的结构风阻小，便于运输，并且可以吸收机组运行时产生的变化扭矩和振动。

3）钢混塔架风机

钢混塔架的使用相对较少，只是在少数早期的兆瓦级风机和近兆瓦级风机的塔架中使用。钢混塔架的优点是不需要超常规件运输，属于土建工程，对应设计理论和设计方法较完整；缺点是现场建设周期长，建设灵活性差、占地面积大。

14. 根据发电机与电网的关系分类

风力发电机按照发电机与电网的关系进行分类，可以分为独立运行风电机组、微网风电机组和并网风电机组。独立运行风电机组和微网风电机组又称为离网风电机组。

1）独立运行风电机组

独立运行风电机组的应用多种多样，主要是为边远地区的单一用户提供可靠的电力。单一用户可以是一个家庭、小型无人值守的信号基站等，由于地处偏远无法接入电网的用户。独立运行风电机组在使用时通常与蓄电池相连，从而保证系统对用户有充足而稳定的供电，不会因为天气的原因而无法供电。独立运行风电机组的应用中转子直径通常小于4 m，而且其额定功率低于1 kW。

2）微网风电机组

微网风电机组可以由几台风力发电机组成，或由风力发电机与光伏发电机或柴油发电机等其他电源联机构成。典型的用途包括为海上导航设备和远距离通信设备供电，在国外部分偏远地区的村民或海岛居民也大多采用此种供电方式，一些商业性的冷藏系统和海水（或苦咸水）淡化设备也采用此方式供电。

一个微网系统需电量大小不一，所配置的风力发电机容量也有很大的差别，小到5～6千瓦，大到几百千瓦。

3）并网风电机组

并网风电机组是现在使用最多的一种方式，也是风力发电技术的最终归宿。它是将风力发电机所发电能经过逆变整流、升压等过程输入到电网中。

并网型风力发电是规模较大的风力发电场，容量大约为几兆瓦到几百兆瓦，由几十台甚至成百上千台风电机组构成，如图8.12所示。并网运行的风力发电场可以得到大电网的补偿和支撑，更加充分的开发和利用风力资源，是国内外风力发电的主要发展方向。

图 8.12　并网型风力发电场

8.2　小型水平轴风力发电机组

一般把发电功率在10 kW及其以下的风力发电机称作小型风力发电机。小型风力发电机一般作为独立运行的风电机组或微网风电机组进行使用。而水平轴升力型风力发电机是小型机中使用较多的一类风机。除此以外，使用较多的还有垂直轴风力发电机，在一些特定场合也使用水平轴阻力型风力发电机。

8.2.1　小型风力发电机组的组成

小型风力发电机组一般由小型水平轴风力发电机、蓄电池组、充放电控制器、逆变器或直流变压系统等设备组成，其结构如图 8.13 所示。风力发电机将风能转化为电能，发出的电经过控制器的整流，由交流电变成了具有一定电压的直流电，供给直流负载使用，并向蓄电池进行充电；从蓄电池组输出的直流电，通过逆变器后变成了 220 V 的交流电供给交流负载使用，或经过直流变压系统对直流电进行调压后再供给直流负载使用。

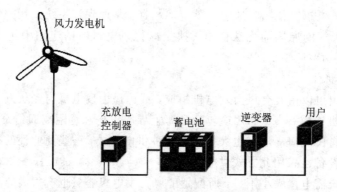

图 8.13　小型风力发电机组组成与工作原理图

1. 小型水平轴风力发电机

当风速达到一定值时，小型水平轴风力发电机将风能转换成电能，是能量转换的器件。它主要由叶轮、发电机、调速机构、调向机构、刹车机构和塔架几部分组成，如图 8.14 所示。

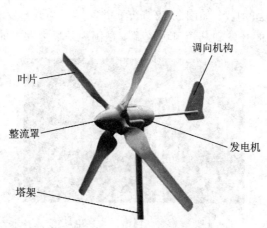

图 8.14　水平轴风力发电机

1）叶轮

叶轮是进行风能向机械能转换的部件，由叶片、轮毂和整流罩三部分组成。叶片数目大多为三片，为适应风机在低风速地区的使用，叶片数目也有 4、5、6 片的。小型风力发电机大多采用直驱方式，即轮毂与发电机主轴直接相连。

叶片的材质较多，有木材、薄钢板、铝合金、高强度塑料、玻璃纤维复合材料和碳纤维复合材料，现在常见的是玻璃纤维复合材料和碳纤维复合材料叶片。

2）发电机

发电机的类型很多，常见的有感应发电机或永磁同步发电机，其中最长使用的是永磁式交流发电机，其以永磁磁极为转子，绕组感应线圈为定子，无滑环和碳刷，其特点是结构简单、可靠性高、免维护。

以前发电机、齿轮箱都是安装在风机机舱中的，采用永磁同步发电机后，取消了齿轮箱，并将机舱和发电机壳体组合设计在了一起，而发电机壳体同时又是定子绕组感应线圈的支撑架，这样又很好地解决了发电机散热的问题。

3）调速机构

在风力发电中，由于风速的变化使得叶轮的转速也随之增大或减小，从而使发电机输出的电能质量下降，所以为改善风电质量，就需要对叶轮的转速进行控制和调节。

根据风力发电供电方式的不同将功率输出定性地分为两类：调节机械功率，在风力机控制回路加调节装置使风力机输出稳定的机械功率；调节电功率，在发电机的控制部分加入反馈，使用快速响应的控制器和优化控制策略来控制发电机输出功率。

出于对成本的考虑，小型风力发电机的调速机构都很简单，常见的机械功率调节方法有以下三类：

（1）失速调节。失速调节方式是指桨叶本身所具有的失速特性，当风速高于额定风速时，气流的攻角增大到失速条件，使桨叶的表面产生涡流，降低叶片气动效率，降低风能转化率。

（2）被动变桨。被动变桨就是通过风力发电机叶轮旋转时离心锤所产生的离心力，来控制调节风叶的桨矩角，使叶轮在低风速时处于正的启动角度，从而产生一个较大的启动力矩；当超过额定风速时，风叶桨矩角在离心力的作用下趋向负角，对叶轮限速，从而将风力发电机转速控制在额定转速以内。

（3）叶轮侧偏。叶轮侧偏的调速方式就是当风速过大时，将叶轮旋转面与风向垂直的状态改变为呈锐角的关系，由于叶轮在风向上的投影面积减少了，所获取的风能也就减少了，从而使叶轮转速降低。这种调速机构在风速风向变化较大时容易造成风轮和尾翼的摆动，从而引起风力机的振动。

4）调向机构

小型风力发电机的调向机构一般称为尾翼或尾舵，一般装于机头之后，是用来保证在风向变化时，使叶轮正对风向。

在安装小型风力发电机时，尾翼所在平面与地面垂直，同时也与叶轮旋转平面垂直，当叶轮没有与风的来向对正时，在尾翼上就会产生不平衡力推动发电机机身旋转，当尾翼到达平衡位置时，叶轮也就与风的来向刚好对正，叶轮对正的精度与尾翼的面积和舵杆的长度相关，一般说来尾翼的面积越大、舵杆的长度越长，叶轮对正的精度越高。

5）刹车机构

小型风力发电机的刹车方式主要有两类：手动刹车和电磁刹车。手动刹车独立使用时一般用在百瓦以下功率的风机。

6）塔架

小型风力发电机的塔架一般为等径钢管拉索式塔架、阶梯（圆）钢管塔架和棱锥塔架三种形式，其中，等径钢管拉索式塔架重量最轻、地基处理最简单、安装也最为方便。

2. 蓄电池组

在独立运行的小型风力发电系统中，广泛采用蓄电池作为蓄能装置。蓄电池的作用是当风力较强或负荷减小时，将风力发电机所发出的电能中剩余的一部分储存在蓄电池中，也就是向蓄电池充电。当风力较弱、无风或用电负荷增大时，储存在蓄电池中的电能向负荷供电，以弥补风力发电机发电能力的不足，达到维持向负荷持续稳定供电的作用。

蓄电池主要有普通蓄电池、碱性镉镍蓄电池以及阀控式密封铅酸蓄电池三类。普通铅酸蓄电池由于具有使用寿命短、效率低、维护复杂、所产生的酸雾污染环境等问题，其使用范围很有限，目前已逐渐被阀控式密封铅酸蓄电池所淘汰。阀控式密封铅酸蓄电池整体采用密封结构，不存在普通铅酸蓄电池的气胀、电解液渗漏等问题，使用安全可靠、寿命长，正常运行时无须对电解液进行检测和调酸、加水，又称为免维护蓄电池，目前已被广泛地应用到邮电通信、船舶交通、应急照明等许多领域。碱性镉镍蓄电池的特点是体积小、放电倍率高、运行维护简单、寿命长，但由于它单体电压低、易漏电、造价高、容易对环境造成污染，因而其使用受到限制，现主要应用在电动工具及各种便携式电子装置上。

3. 充放电控制器

目前在大多数风电系统或太阳能光伏系统中采用的都是阀控式密封铅酸蓄电池。蓄电池是影响风电系统寿命的关键因素，对阀控式密封铅酸蓄电池充放电的控制直接影响蓄电池的寿命。由于蓄电池的循环充放电次数及放电深度是决定蓄电池使用寿命的重要因素，不合理的充、放电将直接导致蓄电池蓄电能力的下降。在大多数的风电系统中，都是由专用控制系统——充放电控制器监测并控制蓄电池的充、放电过程的，较多采用分阶段法来优化充电过程。因为分阶段充电过程符合阀控式密封铅酸蓄电池的特性，能很好地保护蓄电池，延长其使用寿命。

4. 逆变器

逆变器是在电力变换过程中经常使用到的一种电力电子装置，它的主要作用就是将蓄电池存储的或由整流桥输出的直流电转变为负载所能使用的交流电。目前独立运行小型风电系统的逆变器多数为电压型单相桥式逆变器。在风力发电中所使用的逆变器要求具有较高的效率，特别是轻载时的效率要高，这是因为风电发电系统经常运行在轻载状态。另外，由于输入的蓄电池电压随充、放电状态改变而变动较大，这就要求逆变器能在较大的直流电压变化范围内正常工作，而且要保证输出电压的稳定。

过去风力机的控制器和逆变器是分开的，现在多数厂家都采用控制器和逆变器一体化的方案。控制器将发电机发出的交流电整流后，充入蓄电池组。逆变器将蓄电池组输出的直流电转换成 220 V 交流电，并提供给用电器。

逆变器按输出波形可分为方波逆变器和正弦波逆变器。方波逆变器电路简单，造价低，但谐波分量大，一般用于几百瓦以下和对谐波要求不高的系统。正弦波逆变器成本高，但可以适用于各种负载。

5. 直流变压系统

有时系统用户所用电源为直流电，而所需电压与风力发电机电压不一致，这时就需要进行直流变压。

直流变压主要有两种方法：

（1）将直流电通过逆变器转换为交流电，再对交流电进行变压，最后再通过整流电路将交流电转换为所需要伏值的直流电，此种转换方式系统较复杂，体积较大。

（2）使用直流变换器将直流电直接进行变压处理，此种转换方式直流变换器发热较大，必须有散热装置，在小功率下使用性能较好。

8.2.2　小型风力发电系统配置

小型风力发电机发出的电能首先经过蓄电池贮存起来，然后再由蓄电池向用电器供电。所以，必须认真科学地考虑，风力发电机功率与蓄电池容量的合理匹配和静风期贮能等问题。目前，小型风力发电机与蓄电池容量一般都是按照输入和输出相等，或输入大于输出的原则进行匹配的。

实践证明：如果匹配的蓄电池容量不符合风力发电机发出能量的要求，将会产生下列问题：

（1）蓄电池容量过大时，风力发电机发出的能量不能保证及时地给蓄电池充足电，致使蓄电池经常处于亏电状态。缩短蓄电池使用寿命。

另外，蓄电池容量大，价格和使用费用随之增大，给经济上也造成不必要的浪费。

（2）蓄电池容量过小时，会使蓄电池经常处于过充电状态。如因充足电而停止风力发电机的工作会严重影响风机工作效率。蓄电池长期过充电将会使蓄电池早期损坏，缩短使用寿命。

另外，小型风力发电机的合理匹配，用电器的配套也是一项可忽视的内容。在选配用电器时也应按照蓄电池与风力发电机的匹配原则进行。即选配的用电器耗用的能量要与风力发电机输出的能量相匹配。在选用用电器时，还必须注意电压值的要求，目前，小型风力发电机配电箱上配有 12 V、24 V 和电视机专用插座，用户使用时，要针对用电器所要求的电压值选用相应的插座。

如果使用的是交流用电设备，则必须备置能够满足其功率要求的"逆变器"将蓄电池的直流电转变成电压为 220 V，频率为 50 Hz 的交流电才能使用。

8.2.3　小型水平轴风力发电机的发展状况

我国较大规模地开发和应用风力发电机，始于 70 年代，当时风力发电技术的主要研究方向就是小型风力发电机。经过多年的研究和推广，小型风力发电机技术得到了长足的发展，对于解决边远地区居住分散的农牧民群众的生活用电和部分生产用电起了很大作用。

在 21 世纪初我国就以小型风力机保有量 14 万台成为世界上小型风力发电机保有量最多的国家。

2008 年下半年以来，受国际宏观形势影响，中国经济发展速度趋缓。为有力拉动内需，保持经济社会平稳较快发展，政府加大了对交通、能源领域的固定资产投资力度，支持和鼓励可再生能源发展。作为节能环保的新能源，风电产业赢得历史性发展机遇。为全面推动经济社会发展，部分仍存在缺电、无电的地区加快了小型风电发展步伐，加大了解决边远地区群众供电难问题的投资力度，有力推动了小型风电的进一步推广。

经过近几年的推广与应用，小型风力发电机表现出以下 4 点发展趋势：

（1）功率由小变大。50 W、100 W 机组基本淘汰，家庭用户机组从 300 W、500 W 增大到 1 kW、2 kW，以满足彩电、冰箱和洗衣机等用电器的需要。

（2）由一户一台扩大到微网供电。采用功率较大的机组或几台小型机组并联为几户或一个村庄供电。

（3）由单一风力发电发展到多能互补，即风光互补、风柴互补和风光柴互补。

（4）应用范围逐步扩大，由家庭用电扩大到通讯、气象、公路、铁路及部队边防哨所等应用领域。

中国风力等新能源发电行业的发展前景十分广阔，预计未来很长一段时间都将保持快速发展。随着中国风电设备的国产化，风光互补系统等新型技术的日渐成熟，小型风力发电的成本有望再降，经济效益和社会效益提升，小型风力发电市场潜力巨大。

8.3　大型水平轴并网风力发电机

8.3.1　大型水平轴并网风力发电机的特点与应用

现代风力发电机一般是指大、中型水平轴并网风力发电机，是近几年不论从理论研究、生产产值、装机规模以及发电量还是各类风力发电技术，乃至各类新型能源中发展最为迅速、总量最大的一种新能源利用方式。通过对风能利用发展历程的了解，可以确定在今后较长一段时间内风能利用的主要方式和主要设备必然还是大型水平轴并网风力发电机。

并网型风力发电机在使用时一般是由安装在同一地点的几台到几百台风力发电机组成的一个发电系统，总功率从几十兆瓦到几百兆瓦，这个发电系统一般称为风电场或风场，风场所发出的电能，除极少一部分自身使用以外，绝大多数都输送到电力网络供其他用户使用。

对同一个地点的风场而言，安装大单机容量的风力发电机，虽然风机数量有所减少，但风场的总发电量会得到提高，因此风力发电场中的风力发电机单机功率都在 100 kW 以上。近几年，有些老风电场为更好地利用风能资源将单机功率在 500 kW 以下的风机都用更大功率的风机进行了替换，而近几年有些新建的风场风力发电机单机功率都要求在 1 MW 以上。

8.3.2　大型水平轴并网风力发电机的系统组成

图 8.15 所示为最早系列化并网发电的风机，其基本结构与现有各类大型水平轴并网风力发电机的结构基本相似（直驱型除外）。大型水平轴并网风力发电机主要由以下 8 个部分组成：叶轮、主传动系统、偏航与变桨系统、发电机、并网控制系统、主控系统、辅助系统、塔架和基础。

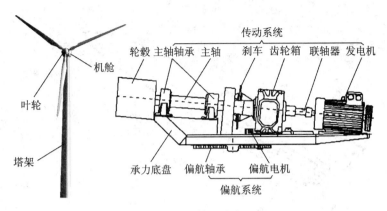

图 8.15　水平轴风力发电机

8.3.3　叶轮

叶轮是由固定在轮毂上的叶片组成的，叶片可以是单叶，也可以是多叶，轮毂与主轴或齿轮箱相连，当风掠过叶片时，叶片便在气动力的作用下围绕转轴转动，将风能转变为机械能。叶轮一般由叶片、轮毂、整流罩、气动刹车或变桨机构组成，如图 8.16 所示。

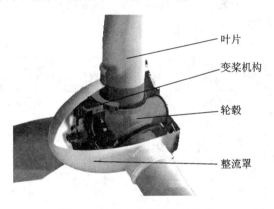

图 8.16　风力发电机轮毂结构

1. 叶轮基本结构

（1）叶片。叶片是风能转化部件，叶片叶型设计是风力发电机设计的关键技术，完全掌握叶片叶型设计的厂家较少，在风力发电机制造企业中相互仿制叶片或者直接从专业叶片厂购买叶片是十分普遍的，甚至部分叶片生产厂也是仿制其他生产商的产品。

（2）轮毂。轮毂用于将叶片组成一个整体，并与主轴相连，将扭矩向主传动系统输送。

（3）整流罩。整流罩的作用是减少轮毂处和叶片根部的风阻。

2. 气动刹车

（1）叶尖气动刹车。气动刹车（如图 8.17 所示）一般在 700 kW 以下的中型机中应用，大部分为叶尖气动刹车，气动刹车不工作时是在预紧弹簧或预紧机构的作用下收回的，需要工作时再在推杆机构或液压缸的作用下推出，推出的过程中叶尖部分在螺旋轨道的作用下发生旋转，从而在叶尖部分产生一个反向的气动推力，从而对风机起到制动作用。

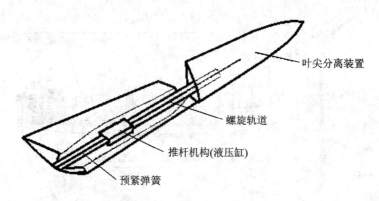

图 8.17 叶尖气动刹车

（2）变桨机构。在大型风机中很少使用叶尖气动刹车，一般都采用变桨机构对叶轮的工作状态进行调整与控制。

8.3.4 主传动系统

传动系统一般由主轴、齿轮箱、联轴器、制动器等组成，均装置在机舱的机座上。图 8.18 是常见的主传动链的结构。

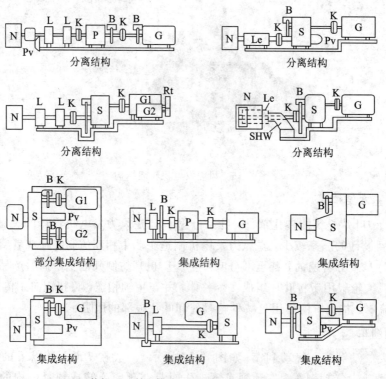

N—轮毂；L—转子轴承；Le—轴承单位；K—联轴器；

B—刹车；S—圆柱齿轮；P—行星齿轮；G—发电机；

Pv—变桨机构；SHw—承力轴套

图 8.18 不同结构的传动系统

1. 主轴

风力发电机的主轴又称为低速轴，主轴将叶轮与齿轮箱输入轴连接在一起，同时给叶轮一个支撑。

主轴一般分为实心轴和空心轴。实心轴直径较小，但重量较大，大型风力发电机中使用相对较少。空心轴直径较大，但重量较小，并且在轴的内孔中一般有电缆、液压管路等穿过，在大型风力发电机中使用相对较多。

2. 齿轮箱

齿轮箱起传递扭矩、增高转速的作用，其一侧连接主轴，另一侧连接发电机，通过齿轮机构的升速满足发电机转速的需求。现在也出现了大量不采用齿轮箱的连接方式——直驱式风力发电机。

在大型风力发电机中由于叶轮转速与发电机转速相差很大，一般都使用多级齿轮传动实现升速。齿轮箱的结构主要有二级定轴齿轮传动、一级定轴轮系一级周转轮系传动、一级定轴轮系二级周转轮系传动和二级周转轮系传动等几类结构形式，图 8.19 是兆瓦级风机中常用的一级定轴轮系三级周转轮系结构齿轮箱。在齿轮箱中使用周转轮系可以在保证传动功率和扭矩不变的情况下，有效地减小齿轮箱的体积、降低齿轮箱的重量。

图 8.19　一级定轴轮系三级周转轮系结构齿轮箱

齿轮箱应能运行 20 年，要求质量轻、尺寸小、噪声低，并且便于维护。另外，在各种运行状态下（例如，启动、慢转）都需保证所需要的润滑。为满足这些苛刻的要求，在设计中，必须进行静力学、动力学、强度和寿命等大量的计算。根据所得到的运行经验，这些计算工作量和难度不断增加，只能借助计算机才能完成。

3. 联轴器

叶轮主轴和齿轮箱输入轴之间要传递很大的转矩，一般采用刚性联轴器将主轴与齿轮箱输入轴直接相连。为保证叶轮主轴和齿轮箱输入轴的同心度，经常采用三支点结构形式，如图 8.20 所示。

齿轮箱的输出轴转速较高，扭矩较小，对联轴器传递扭矩能力的要求较低。为降低齿轮箱和发电机的安装精度，弥补在齿轮箱输出轴和发电机输入轴之间可能会出现的不对准，常采用具有夹角补偿和错位补偿能力的挠性联轴器。为保护齿轮箱和发电机，高速端的联轴器一般都有过载保护。

转子主轴承　刚性联轴器　齿轮箱　　刹车保护　冷却系统　发电机

轮毂

偏航电机　　承扭支撑　橡胶支座　偏航电机　机器底座

联轴器　　减震器

图 8.20　三支点结构

4. 制动器

制动器一般称为机械制动或驻车刹车，就是在风机齿轮箱高速轴端或低速轴端安装有盘式刹车，利用液压或弹簧的作用，使刹车片与刹车盘作用，产生制动力矩。

由于大型风机主轴转速很低，扭矩很大，要在低速轴进行制动，所需制动力极大，因此大型风力发电机一般都为高速轴制动，即使如此，由于机械刹车在制动时产生很大的热量（大多数的风机着火都是因为这个原因），所以一般情况下只在转速很低的情况下才动作。图 8.21 是高速轴制动器。

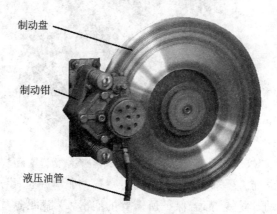

制动盘

制动钳

液压油管

图 8.21　高速轴制动器

一般正常停机的情况下，风机控制系统先动作气动刹车，当转速下降到一定转速后再动作机械制动；紧急制动时气动刹车与机械制动一起动作。

8.3.5　偏航系统、变桨系统

偏航系统和变桨系统都是为更好捕获风能而设定的辅助装置。

1. 偏航系统

水平轴风力发电机工作时要求叶轮所在平面与风向垂直，如果不能垂直，其风能转化效率将随之降低。为了捕捉更多的风能，水平轴风力发电机需装有调向装置，即偏航装置，以保证叶轮能很好地实现对风。

　　大型风力发电机都采用主动偏航系统，如图 8.22 所示，即在塔架与机舱机座之间使用轴承连接，采用风向测定设备测定风向变化，通过偏航电机驱动机舱旋转，从而实现叶轮对风。通常，在风改变其方向时，风力发电机一次只会偏转几度。

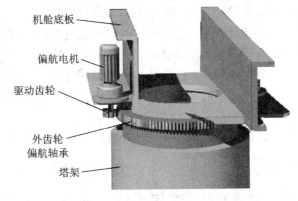

图 8.22　偏航系统

2. 变桨系统

　　变桨系统可以改变叶片的攻角，当风速一定时叶片不同的攻角会对应不同的风能利用系数，通过调节叶片的攻角可以保证风力发电机在低风速情况下始终处于最高风能利用率状态，而当风力发电机处于高风速时通过改变叶片攻角，降低风能利用系数，从而保证风力发电机处于适当的转速范围。任何情况引起的停机都会使叶片顺桨到 90° 位置。

　　在大型风机中使用的变桨系统(如图 8.23 所示)可以分为电变桨系统和液压变桨系统。变桨系统的所有部件都安装在轮毂上。

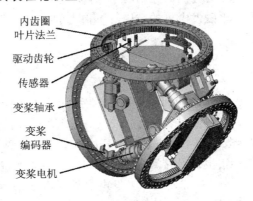

图 8.23　变桨系统

　　风机正常运行时所有部件都随轮毂以一定的速度旋转。风机的叶片(根部)通过变桨轴承与轮毂相连，每个叶片都要有自己的相对独立的电控同步的变桨驱动系统。变桨驱动系统通过一个小齿轮与变桨轴承内齿啮合联动。

　　每个变桨驱动系统都配有一个绝对值编码器，并安装在电机的非驱动端(电机尾部)，还配有一个冗余的绝对值编码器安装在变桨轴承内齿圈部位，它通过一个小齿轮与变桨轴承内齿啮合联动记录变桨角度。风机主控接收所有编码器的信号，而变桨系统只应用电机尾部编码器的信号，只有当电机尾部编码器失效时风机主控才会控制变桨系统应用冗余编码器的信号。

3. 变桨系统备用能源

变桨系统有时需要由备用能源进行变桨操作（如变桨系统的主电源供电失效后），因此变桨系统必须配备蓄电系统（蓄电池或超级电容）或液压储能器以确保机组在发生严重故障或重大事故的情况下可以安全停机（叶片顺桨到 91°限位位置）。此外，还需要一个冗余限位开关（用于 95°限位），在主限位开关（用于 91°限位）失效时确保变桨电机的安全制动。

蓄电池作为变桨系统备用能源的最大优势是价格低廉、容量大，但蓄电池在使用过程中蓄电量容易衰减，并且充电时间长，常常因此出现控制故障，不能在紧急情况变桨。因此，由于机组故障或其他原因而导致备用电源长期没有使用时，风机主控就需要检查备用电池的状态和备用电池供电变桨操作功能的正常性。

近几年在变桨系统备用能源中逐渐出现使用超级电容替换蓄电池的趋势。

8.3.6　发电机

发电机是将机械能转换为电能的装置。目前已采用的风力发电机有 3 种，即直流发电机、交流同步发电机和交流异步发电机。并网运行的风力发电机多采用同步发电机和异步发电机。

同步发电机所需励磁功率为额定功率的 1%；通过调节励磁可以调节电压及无功功率，并向电网提供无功功率，从而改善电网的功率因数。但同步发电机在阵风时因输入功率有强烈的起伏，瞬态稳定性不好，而且同步发电机还需要严格的调速及同步并网装置。

对异步发电机而言，由于结构简单、价格便宜、且不需要严格的并网装置，可以较容易地与电网连接，其转速可以在一定限度内变化，就能吸收瞬态阵风能量。但异步发电机需借助电网获得励磁，加重了对电网的无功功率的需求。

随着永磁材料的发展，永磁发电机的应用有了极大的发展，几乎在所有功率范围内都有转子永磁发电机的应用。

8.3.7　并网控制系统

风力发电机的并网控制直接影响到风力发电机能否向输电网输送电能以及机组是否受到并网时冲击电流的影响。并网控制装置有软并网、降压运行和整流逆变三种方式。

（1）软并网装置。异步发电机直接并网时，其冲击电流达到额定电流的 6～8 倍时，为了减少直接并网时产生的冲击电流及接触器的投切频率，在风速持续低于启动风速一段时间后，风力发电才与电网解列，在此期间风力发电机处于电动机运行状态，从电网吸收有功功率。

（2）降压运行装置。软并网装置只在风力发电机启动时运行，而降压运行装置始终运行，控制方法也比较复杂。该装置在风速低于风力发电机的启动风速时将风力发电机与电网切断，避免了风力发电机的电动机运行状态。

（3）整流逆变装置。整流逆变是一种较好的并网方式，它可以对无功功率进行控制，有利于电力系统的安全稳定运行，缺点是造价高。随着风电场规模的不断扩大和大功率电力电子设备价格的降低，将来这种并网装置可能会得到广泛的应用。

风电场接入电力系统的方案主要由风电场的最终装机容量和风电场在电网所处的位置来确定。

8.3.8　主控系统

主控系统是风机控制系统的主体，它实现自动启动、自动调向、自动调速、自动并网、自动解列、故障自动停机、自动电缆解绕及自动记录与监控等重要控制、保护功能。它对外的三个主要接口系统就是监控系统、变桨控制系统以及变频系统(变频器)，它与监控系统接口完成风机实时数据及统计数据的交换，与变桨控制系统接口完成对叶片的控制，实现最大风能捕获以及恒速运行，与变频系统(变频器)接口实现对有功功率以及无功功率的自动调节。

8.3.9　辅助系统

1. 机舱

与大型垂直轴风力发电机不同，大型水平轴风力发电机的大部分重要部件都放在塔架顶端的，被称之为机舱的结构内。机舱除用来容纳齿轮箱、发电机等风力发电机的关键设备以外，还可以为机舱内的设备建造一个微环境，保证机舱内有稳定的温度环境，并起到防尘的作用，从而使各关键部件有一个良好的工作环境。机舱还可以为维护人员提供一个安全的维修和检测环境。

机舱主要由机舱壳体、承力底盘、活动上盖、空调系统、空气过滤系统等部分组成。

2. 液压系统

风力发电机的液压系统属于风力发电机的一种动力系统，它的主要功能是为变桨控制装置、安全桨距控制装置、偏航驱动和制动装置、停机制动装置提供液压驱动力。风机液压系统是一个公共服务系统，它为风力发电机上一切使用液压作为驱动力的装置提供动力。在定桨距风力发电机组中，液压系统的主要任务是驱动风力发电机组的气动刹车和机械刹车；在变桨距风力发电机组中，液压系统主要控制变桨距机构，实现风力发电机组的转速控制、功率控制，同时也控制机械刹车机构。

3. 风速计及风向标

风速计及风向标用于测量风速及风向，是大型风力发电机最为重要的传感器，其所测得的风速、风向信号是风机控制系统最基本的参数，风力发电机的启动、调向、调速、并网等操作都是基于风速大小和风向变化的。

4. 冷却系统

为保证齿轮箱和发电机在正常的工作条件下进行，防止发生过热，需要设置循环冷却装置。

发电机冷却水自发电壳体水套，经水泵强制循环，通过热交换器和蓄水箱后，返回发电机壳体水套。所使用的冷却水是防冻液与蒸馏水按一定比例混合的，调整冰点应满足当地最低气温的要求。

齿轮箱的油液自箱体底部油池，经油泵强制循环，通过过滤器、热交换器冷却后，返回齿轮箱，在齿轮箱油冷却系统中没有压力继电器，如果齿轮箱齿轮或轴承损坏，则产生的金属铁屑会在油循环过程中堵塞过滤器，当压力超过设定值时，压力继电器动作，油便从旁路直接返回油箱，同时，电控系统报警，提醒运行人员停机检查。

5. 润滑系统

润滑是解决机器零件摩擦、磨损的一种手段。一般来说，在摩擦之间采用某种物质，用来控制摩擦、降低磨损，以达到延长机件使用寿命的措施叫润滑，能起到降低机件接触面间摩擦阻力的物质都叫润滑剂。

6. 防雷系统

雷电是带电云层直接或通过地面物体对大地的瞬间放电现象。一次放电能量巨大。全球每年都要发生 800 多万次雷电放电。雷击会造成地面的建筑物或人员的损伤。为获得最佳的风资源，风电机组一般都安装在周边无遮挡的开阔地带。风电机组容易遭受雷击，相对其他的特殊气候，雷击是风电场中影响最为广泛的一种自然灾害，大部分风电场都有风电机组遭受雷击的记录。

我国每年的 3～10 月份是雷电比较频繁的时期，其中又以 6～9 月份最为频繁。从风电机组累计情况看，雷击造成叶片和电控系统损坏的情况占绝大多数，避雷系统中雷电电流的下引通道是否良好，直接影响雷击后设备损坏的严重程度。

风电机组主要的雷击防护设计包括以下几部分：桨叶防雷措施、轴承防雷措施、机舱防雷措施、机舱与塔架引雷通道设计、塔架间、塔架与接地网引雷通道设计以及接地装置设计。

风电机组在运行中的有效防雷击损坏措施有以下六点：

（1）及时修补表面受损叶片，防止潮气渗透入玻璃纤维层，造成内部受潮。

（2）定期清理叶片表面的污染物，一般污染物具有导电性，会造成接闪器失效。

（3）定期检查从叶片引雷线、滑环至接地网的引雷通道接触良好，及时清理引雷滑环的锈蚀，确保引雷通道阻值最小。

（4）定期测量风电机组接地电阻，确保接地电阻值在 4 Ω 以下，并尽可能降低接地电阻。

（5）必须确保风电机组电气系统中所有的等电位连接无异常。

（6）定期检查风电机组电气回路的避雷器，及时更换失效避雷器。

8.3.10 塔架和基础

1. 塔架

塔架是风力发电机中支撑机舱的结构部件，承受来自风电机各部件的各种负载（风轮的作用力和风作用在塔架的力，包括弯矩、推力及对塔架的扭力）。

塔架还必须有足够的疲劳强度，能承受风轮引起的震动载荷，包括启动和停机的周期性影响、阵风变化、塔影效应等。风力发电机的稳定性是最主要的特性之一。因此，设计中的关键问题之一是避免由于叶轮气动推力的周期性作用导致塔架共振。当叶片的通过频率与塔架的自然频率一致时，塔架可能发生过大的应力和变形。为减轻重量、降低造价，现代风机通常采用"柔塔"。

由于风速具有随高度增加而增大的特性，因此，理论上塔架建的愈高愈好。但塔架愈高，投资亦愈大，安装、运行和检修也很不方便。所以，塔架的高度必须在综合考虑当地风能资源、吊装能力等情况后确定。塔架还应有足够的刚度和强度，以保证风电机在极端风况下不会发生倾覆。

塔架上安置发电机和控制器之间的动力电缆、控制和通信电缆，装有供操作人员上下机场的扶梯，大型机组还设有电梯。塔架内部结构具体包括：工作台、爬梯、安全索或安全导轨、电缆架、电控柜和照明系统，如图 8.24 所示。

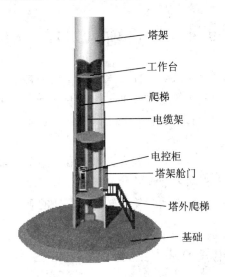

图 8.24　塔架与基础

（1）工作台——塔架内部要设置工作平台。其中靠近塔架顶部的平台主要用于机舱安装，作为塔架到机舱的通道，以及安装一些辅助装置的平台。各段对接面下的平台，主要用于塔架各段的连接和维修，其上下位置应适中，以便于操作。

（2）爬梯、安全索或安全导轨——塔筒内的爬梯主要用于维修时人员进出机舱，安全索设在爬梯附近，安全导轨设在爬梯的横档中间。人员上下爬梯时，安全锁扣在安全导轨上，并能随人员上下移动，一旦人员跌落，锁扣即把人员锁在安全索或者导轨上，保证人员安全。大型风电机组由于塔架高度大，塔架内部空间大，一般还装备电梯。电梯位置一般在爬梯附近，并远离塔架底部的电控柜。

（3）电缆架——电缆架一般有活动电缆架和固定电缆架。活动电缆架位于塔架中心，固定机舱底座的下面。机舱电缆的自由部分即固定在它上面，这样当机舱偏航时电缆只扭转而不受牵拉。活动电缆架只承担电缆自由部分的重量。固定电缆架焊接在塔壁上，位置应在电控柜或发电机变流器附近。但是也有的风力发电机组没有固定电缆支架，单向偏航累积的角度可以大一些，减少解缆次数；缺点是电缆必须有足够的强度，能承受自身的重量，对电缆的要求高。

（4）电控柜——当电控柜安装在塔架底部时，电控柜面向塔门以便于采光。如果当地低洼潮湿，则不应直接放在基础上而应在适当高度上建电控柜台，并将舱门提高。

（5）照明系统——塔架只有一个门，不能自然采光，必须有照明系统。为了便于安装和维护，照明灯具应安排在爬梯附近。

2. 基础

风电机组的基础通常为钢筋混凝土结构，并且根据当地地质情况设计成不同的形式。其中心预置与塔架连接的基础件（一般称为基础环），以便将风力发电机组牢牢地固定在基础上。基础周围还要设置预防雷击的接地系统。

风电机组的基础主要按照塔架的载荷和机组所在的气候环境，结合高层建筑建设规范建造。基础除了按承受的静、动载荷安排受力结构外，还必须按要求在基础中设置电力电缆和通信电缆通道(一般是预埋管)，设置风力发电机组接地系统及接地触点。

8.4　垂直轴风力发电机

垂直轴风力发电机(风车)与风帆一样是人类最早的风能利用装置之一。垂直轴风力发电机的主要特征就是风轮的旋转轴与地面垂直，并且风轮是中轴对称的多叶片结构，因此风从任何方向吹来对风轮的运行都是相同的。其次，垂直轴风力发电机运行时不受风速垂直切变的影响，运行平稳。

垂直轴风力发电机主要分为阻力型和升力型。阻力型垂直轴风力发电机主要是利用空气流过叶片产生的阻力作为驱动力带动叶轮旋转；升力型垂直轴风力发电机则是利用空气流过叶片产生的升力作为驱动力带动叶轮旋转。升力型的垂直轴风力发电机的效率要比阻力型的高很多。

8.4.1　垂直轴风力发电机的基本结构

垂直轴风力发电机根据其类型不同，结构会有所不同，阻力型风机和升力型风机的主要区别是叶片不同，而大型风机和小型风机结构往往有较大的不同。

小型机一般采用发电机顶置直驱的结构方式，如图8.25所示，主要由叶轮、发电机、刹车、控制器和塔架等部件组成。

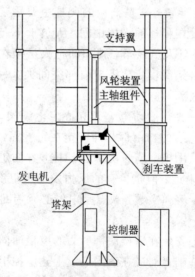

图8.25　垂直轴风力发电机(顶置)

大型机一般采用发电机下置方式，风力发电机将发电机直接安装在地面上的机舱内，如图8.26所示，系统省去了塔架结构，但主轴一般较长，为改善主轴的受力情况，叶轮支持翼采用双层设计，或者采用倾斜布置，从而缩短主轴的长度。

叶轮是把风能转换为机械能的重要部件。叶轮装置设计的好坏，将直接决定整个风力发电机系统的成功与否。叶轮装置主要由主轴组件、支持翼、叶片等零部件组成，如图8.25所示。

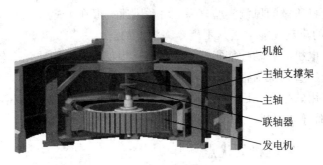

图 8.26　垂直轴风力发电机(下置)

（1）主轴组件。主轴组件是整个风力发电机组重要的承力构件，传递横向风荷载。主轴与塔架可靠连接，主轴外的套筒起传递扭矩的作用。若不采用该结构，直接将套筒与发电机转子相连，则当叶轮承受很大的横向风荷载时，发电机转子受弯扭组合荷载，同时处于交变应力状态，对其结构设计极为不利。

（2）支持翼。支持翼用来连接主轴和叶片，以形成具有一定刚性的 H 型框架结构，这样有利于叶片的结构设计及整体结构的安全性。

8.4.2　垂直轴风力发电机与水平轴风力发电机的差别

垂直轴风力发电机与水平轴风力发电机的差别除体现在前边介绍过的结构上以外，还表现在设计方法、受力情况、启动性能三个方面。

1. 设计方法

水平轴风力发电机的叶片设计，普遍采用的是动量—叶素理论，由于叶素理论忽略了各叶素之间的流动干扰，同时在应用叶素理论设计叶片时都忽略了翼型的阻力，这种简化处理不可避免地造成了结果的不准确性，这种简化对叶片外形设计的影响较小，但对叶轮的风能利用率影响较大。同时，叶轮各叶片之间的干扰也十分强烈，整个流动非常复杂，如果仅仅依靠叶素理论是完全没有办法得出准确结果的。

垂直轴风力发电机的叶片设计，以前也是按照水平轴的设计方法——叶素理论来设计的。但是垂直轴叶轮的流动比水平轴更加复杂，是典型的大分离非定常流动，不适合用叶素理论进行分析、设计，这也是垂直轴风力发电机长期得不到发展的一个重要原因。

另一方面，水平轴风力发电机叶片在长度方向翼型和相对风速是不同的，其设计与分析必须在三维空间中进行，而 H 型垂直轴风力发电机由于叶片在长度方向翼型和相对风速相同，其设计与分析可以在二维空间中进行，从而简化了设计难度。

2. 受力情况

水平轴风力发电机的叶片在旋转一周的过程中，受惯性力和重力的综合作用，惯性力的方向是随时变化的，而重力的方向始终不变，这样叶片所受的就是一个交变载荷，这对于叶片的疲劳强度是非常不利的。

垂直轴叶轮的叶片在旋转过程中的受力情况要比水平轴好得多，由于惯性力与重力的方向始终不变，所受的是恒定载荷，因此疲劳寿命要比水平轴叶轮长。

3. 启动性能

水平轴叶轮的启动性能好已经是个共识，但是根据中国空气动力研究与发展中心对小型水平轴风力发电机所做的风洞实验来看，启动风速一般在 4～5 m/s 之间，最大的居然达到 5.9 m/s，这样的启动性能显然是不能令人满意的。

阻力型风力发电机的启动性能很好，启动风速很低，但风能转化率较高的升力型垂直轴叶轮的启动性能一直被认为很差，对于 Φ 型叶轮，完全没有自启动能力，这也是限制垂直轴风力发电机应用的一个原因。但是通过研究，对于 H 型叶轮却有相反的结论，其启动风速低于 3 m/s，优于水平轴风力发电机。

8.4.3　垂直轴风力发电机的优点

由于垂直轴风力发电机特殊的结构，使得垂直轴风力发电机具有以下优点：

（1）叶轮的转动与风向无关，因此不需要偏航对风装置，结构较简单，制造较容易，故障率低；

（2）发电机、齿轮箱等质量较大的设备可以直接安放在基础上，如图 8.26 所示，不必像水平轴风力发电机那样将沉重的发电机安装在塔架顶上的机舱内，这样可以减轻塔架的重量，降低成本；

（3）由于垂直轴风力发电机重心较低，机组稳定性较好，因此抗风能力较高，使得它可以承受更高的风速；

（4）由于垂直轴风力发电机启动风速较低，通过调速控制，风机的适合运行风速范围扩大，从而提高了风能利用率，获得了更大的发电总量，提高了风电设备使用的经济性；

（5）由于垂直轴风力发电机实际扫风面为回旋面（H 型风机扫风面为圆柱面），在相同单机功率下，垂直轴风力发电机比其他形式风力发电具有更小的回转半径，节省了空间，同时提高了效率。

8.4.4　大功率升力型垂直轴风力发电机

1. 升力型垂直轴风力发电机的原理

由于升力型风机的理论风能转化率是阻力型风机风能转化率的 3 倍多，因此对升力型风力发电机的研究一直是企业和研究院所的主要研究内容。升力型垂直轴风力发电机作为升力型风机的一种，由于其结构更为简单，因此成为研究的重点。垂直轴升力型风机在工作时其运动空间与水平轴风机不同，其运动空间是圆柱面，如图 8.27 所示。

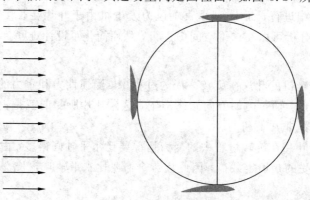

图 8.27　垂直轴风力发电机

根据风能利用系数的计算公式

$$C_P = \frac{2P}{\rho A v^3} \tag{8.1}$$

式中：ρ 为空气密度（ρ 的变化可以忽略不计），kg/m^3；A 为流面的通流面积，m^2；v 为气流在叶轮位置的风速，m/s。

由于叶片在上风位置和下风位置都有扫风做功，因此 A 按照定义计算其面积应该为

$$A = 2DH \tag{8.2}$$

式中：D 为叶轮直径；H 为叶片长度。

如果使用此 A 值计算风机的风能转换效率，其效率必定低于水平轴风力发电机，当如果认为叶片只在上风位置扫风做功时，A 值将减小一半，此时的风能转化效率就不会低于水平轴风机。

在近些年的研究中绝大多数研究成果均显示升力型垂直轴风力发电机的风能转化效率与水平轴风力发电机不相上下，因此升力型垂直轴风力发电机是水平轴风力发电机的主要竞争者。

2. 大功率升力型垂直轴风力发电机的结构组成

大功率升力型垂直轴风力发电机一般都采用发电机下置的方式，即发电机、齿轮箱直接安装在基础上的机舱内，省略了塔架的结构，并且通过结构设计尽量缩短主轴的长度。其结构如图 8.28 所示。

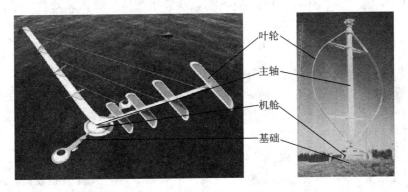

图 8.28　大功率升力型垂直轴风力发电机

大功率升力型垂直轴风力发电机主要由叶轮、主轴、齿轮箱、发电机、控制系统、机舱、基础等几部分组成。

3. 大功率升力型垂直轴风力发电机的类型

最早的升力型垂直轴风力发电机是法国达里厄于 19 世纪 30 年代发明的达里厄式风机。达里厄风机根据叶片形状可以分为弯曲叶片（Φ 型风机）和直叶片（H 型风机），如图 8.29 所示。

1）Φ 型风机

弯曲叶片达里厄风机又称为 Φ 型风机，如图 8.29（a）所示。工作时叶片只承受张力，不承受离心力荷载，从而使弯曲应力减至最小。由于材料所承受的张力比弯曲应力要强，所以对于相同的载荷，Φ 型叶片比较轻，且比直叶片可以有更高的速度运行，由于叶尖速比可以很高，对于给定的叶轮重量和成本，有较高的功率输出。但 Φ 型风机的启动力矩低，

难以启动。

(a) Φ型风机　　　　　　　　　(b) H型风机

图 8.29　升力型垂直轴风力发电机

2）H 型风机

近几年直叶片达里厄风机（又称 H 型风机）有了很大的发展。H 型风机如图 8.29(b)所示，作为一种新型风机，除具有风能转化率高、启动力矩大，低速运行性能好的特点以外，由于其叶片各部分回转半径相同，翼型相同，因此不论是设计还是制造难度均小于弯曲叶片达里厄风机。但 H 型风机工作时产生的离心力使叶片在其连接点处产生严重的弯曲应力，另外，直叶片需要采用横杆或拉索支撑，这些支撑将产生气动阻力，降低效率。

除了以上两种达里厄风机外，还有△型风机、Y 型风机。

4. 大功率升力型垂直轴风力发电机的特点

大功率升力型垂直轴风力发电机与水平轴螺旋桨风力发电机比较有以下几点优越性：

（1）叶片受力较好。水平轴桨叶上受到正面风载荷力、离心力，叶片结构类似悬臂梁，叶片根部受到的由弯矩产生的应力较大，大量事故都是叶片根部折断造成的。垂直轴风力发电机叶片有多个连接点与主轴连接，故受力较小，用料少，不易折断。

（2）系统稳定性高。水平轴风机机舱放置在塔架的顶端，风机中心较高，而且为实现偏航对风，机舱与塔架通过偏航轴承进行连接，偏航轴承的刚度较低。这都使得水平轴风力发电机的稳定性变差，且高位放置导致安装和维护不便。垂直轴风力发电机组发电机的齿轮箱在底部，重心低，不仅稳定，而且维护方便，风机主轴组件可以用钢索进行固定，因而制造成本大大减小。

（3）功率特性。根据 H 型风力发电机的原理，叶轮的转速上升速度提高较快（力矩上升速度快），它的发电功率上升速度也相应变快，发电曲线变得饱满。在同样功率下，垂直轴风力发电机的额定风速较现有水平轴风力发电机要小，并且它在低风速运转时发电量也较大。

8.4.5　小功率升力型垂直轴风力发电机

图 8.30 是一种可变桨的小功率升力型垂直轴风力发电机，其基本结构由叶轮装置、发电机、刹车装置、控制器和塔架等几部分组成。

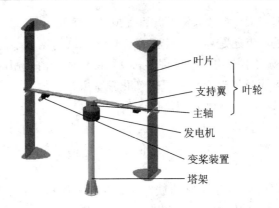

叶片
支持翼
主轴 ｝叶轮
发电机
变桨装置
塔架

图 8.30　小功率升力型垂直轴风力发电机

　　小功率升力型垂直轴风力发电机一般是作为独立发电系统进行使用的，也有少数是作为微网系统进行使用的。在使用过程中为了对发电和用电进行调控，系统中一般都配有蓄电池、逆变器等部件。

1. 小功率升力型垂直轴风力发电机的优势

　　作为大功率风力发电机的补充，小型风力发电机的发展依然受到人们的关注，特别是优点和缺点都很突出的小功率升力型垂直轴风力发电机。发展小功率升力型垂直轴风力发电机在以下四个方面有突出的优势：

　　（1）维修保养方面：风力发电机的客户越来越需要使用寿命长、可靠性高、维修方便的产品。小功率升力型垂直轴叶轮的叶片在旋转过程中由于惯性力与重力的方向恒定，因此疲劳寿命要长于水平轴的疲劳寿命；构造紧凑，活动部件少于水平轴风力发电机，可靠性较高。

　　（2）风能利用效率方面：小型风力发电机由于塔架高度限制和周围环境、地貌的影响，常常处于风向和风强变化剧烈的情况，小功率升力型垂直轴风力发电机由于不需要对风，因此没有对风损失，同时小功率升力型垂直轴风力发电机与水平轴风机风能利用率基本一致。因此，在考虑了较小的启动风速和对风损失之后，小功率升力型垂直轴叶轮的风能实际利用率可以超过水平轴风机。

　　（3）与环境的和谐方面：应用于居民住宅和工作地点的小型风力发电设备，对噪音和外观都有较高的要求。小功率升力型垂直轴风力发电机的低噪音和美观外形等多种优点是水平轴风力发电机难以比拟的。

　　（4）小功率升力型（H 型）垂直轴风力发电机有较大的价格优势：H 型垂直轴风力发电机的价格优势是由两方面原因形成的：一是 H 型垂直轴风力发电机由于没有偏航系统，因此结构得到了简化，同时也使自身价格得到了下降；二是 H 型垂直轴风力发电机的叶片截面形状沿轴线方向相同，因此叶片设计和制造的费用得到大幅度降低。同时当风力发电机所处使用环境相近，而功率不同（相差小于 2～3 倍）时不需要像水平轴风力发电机一样重新设计叶片，而只需要改变叶片长度就可以，因此也可以降低垂直轴风力发电机的设计和制造成本。

2. 小功率升力型垂直轴风力发电机的发展与需求

　　小功率升力型垂直轴风力发电机一般都是在城市内、乡村居住区或荒原、孤岛上使用，所需的发电机功率不大，常常只需要几百瓦或几个千瓦。

一般而言，不论是城市还是乡村居住区都会建立在风速比较小的区域，因此这些地点的年平均风速要比风场的年平均风速低许多，在城市和村镇内使用时，由于建筑物的阻挡使得年平均风速更低，而且风速变化和风向变化频率大幅度增高。而垂直轴风力发电机启动风速小，不需要对风向的特点刚好满足以上条件。

我国农村目前尚有大量农户没有用上电，而边远牧区 35 万牧民中用电户所占比例更低，沿海岛屿的缺电情况更为严重，因此适合这些地区的以蓄电池为储能方式的小型风机将有十分广阔的市场。

我国数千个有驻军的海岛和无电的铁路小站，以及散居在高山、野外的数千个微波站、气象站等也都是采用小功率风力发电机组的巨大潜在市场。

8.4.6　阻力型垂直轴风力发电机

1. 阻力型垂直轴风力发电机工作原理

阻力型风力发电机是利用空气动力的阻力做功，叶轮线速度低于风速，是一种低速风机。阻力风机叶片一般一侧为凹面，另一侧为凸面，由于两侧的风阻系数不同，凹面风阻系数大，凸面风阻系数小，如表 8.1 所示，当相同大小的风吹过时，在叶片凹面所受推力大于凸面推力，从而产生扭矩带动叶轮旋转。

表 8.1　不同扰流体风阻系数

扰流体	圆板	方板	球壳凸面	球壳凹面
风阻系数 C_P	1.11	1.1	0.34	1.33

2. 阻力型垂直轴风力发电机的特点

阻力型垂直轴风力发电机除了具有无需对风装置、结构简单的特点以外，还具有低风速运行性能较好，启动力矩较大的优点，几乎有风就能旋转，3 m/s 的风速就能发电。

但阻力型风机叶尖速比较低，叶轮的线速度低于风速，转速较低，在其他条件相同时叶轮尺寸大、重量大、输出功率低，因此阻力型垂直轴风力发电机功率一般都在 5 kW 以内；另一方面由于速度低，运行无噪音，被称为静音式风力发电机。

由于以上特点，阻力型垂直轴风力发电机一般用在城市当中，对于它的外观要求往往比其实际功能要求更高。

3. 阻力型风力发电机类型

阻力型垂直轴风力发电机主要分为杯式阻力风机和 S 型阻力风机，如图 8.31 所示，近几年也出现了多种杯式风机和 S 型风机的变异型风机和组合型风机。

1）S 型阻力风机

S 型阻力风机由两个轴线错开的半圆柱形组成，其优点是启动转矩较大，缺点是由于围绕着叶轮产生不对称气流，从而对它产生侧向推力。对于较大型的风力发电机，由于受偏转与极限应力的限制，采用这种结构形式是比较困难的。同时风能利用效率较低。

S 型阻力风机的变异形式较多，如图 8.32 所示。

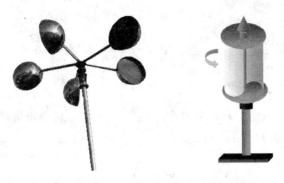

(a) 杯式阻力风机　　　　　　(b) S形阻力风机

图 8.31　垂直轴风力发电机

图 8.32　变异 S 型风机叶轮

2）杯式阻力风机

杯式阻力风机的叶片为半球形，当风机功率较大时，半球直径将很大，使叶轮呈盘状，占用空间较大，且不太美观，因此杯式阻力风机一般常见的都是其变异形式，如图 8.33 所示。

图 8.33　变异杯式型风机叶轮

参 考 文 献

[1] 张军，等. 国际能源战略与新能源技术进展[M]. 北京：科学出版社，2008.

[2] 穆献中，等. 新能源和可再生能源发展与产业化研究[M]. 北京：石油工业出版社，2009.

[3] 吴志坚，等. 新能源和可再生能源的利用[M]. 北京：机械工业出版社，2006.

[4] 刘鉴民. 太阳能利用[M]. 北京：电子工业出版社，2010.

[5] 丹尼尔斯(美). 直接利用太阳能[M]. 北京：科学出版社，2011.

[6] 赵书安. 太阳能光伏发电及应用技术[M]. 江苏：东南大学出版社，2011.

[7] 何道清，等. 太阳能光伏发电系统原理与应用技术[M]. 北京：化学工业出版社，2012.

[8] 任新兵. 太阳能光伏发电工程技术[M]. 北京：化学工业出版社，2012.

[9] 黄素逸. 太阳能热发电原理及技术[M]. 北京：中国电力出版社，2012.

[10] 刘鉴民. 太阳能热动力发电技术[M]. 北京：化学工业出版社，2012.

[11] 何梓年. 太阳能热利用[M]. 安徽：中国科学技术大学出版社，2009.

[12] 贺德馨，等. 风工程与工业空气动力学[M]. 北京：国防工业出版社，2006.

[13] 廖明夫，等. 风力发电技术[M]. 西安：西北工业大学出版社，2009.

[14] Dan Chiras，等. 风之能源：小型风电系统使用指南[M]. 孟明，译. 北京：机械工业出版社，2012.

[15] 李春，等. 现代陆海风力机计算与仿真[M]. 上海：上海科学技术出版社，2012.

[16] Gasch R，etc. Wind Power Plants Fundamentals，Design，Construction and Operation[M]. Berlin：Medialis offsetdruck GmbH，2007.

[17] DNV/Ris. 风力发电机组设计导则[M]. 杨校生，等，译. 北京：机械工业出版社，2011.